Vivian Gabor

Vom Wildpferd ZUM REITPFERD

Meine Begegnung mit einem Mustang

Müller Rüschlikon

IMPRESSUM

Einbandgestaltung: r2 | Ravenstein, Verden

Titelfoto: Juliane Fellner, www.equus-foto.de

Bildnachweis: Dr. Vivian Gabor: S. 8, 9, 11, 13, 15, 16, 17, 18, 19, 21, 23, 25, 28, 29, 31, 32, 33, 35, 37, 40, 47, 49, 51, 54, 55, 58, 154, 155
Joanna Grüger: S. 81, 82, 83, 84, 85
Nele Koblitz: S. 93, 94, 95
Nicole Reitemeyer: S. 143, 145, 147 unten rechts, 148, 149, 150, 151 oben links,152, 153
Maggie Rothauge: S. 5, 6, 7, 158, 159
Victoria Shamraeva, www.equus-language.com: S. 144, 146, 147, 150 klein, 151
Alle übrigen Bilder in diesem Buch wurden von Juliane Fellner, www.equus-foto.de, erstellt.

ISBN 978-3-275-02133-8

Postfach 103743, 70032 Stuttgart
Ein Unternehmen der Paul Pietsch Verlage GmbH & Co. KG

1. Auflage 2018

Sie finden uns im Internet unter www.mueller-rueschlikon-verlag.de

Lektorat: Claudia König
Innengestaltung: r2 | Ravenstein, Verden
Druck und Bindung: Appel & Klinger Druck und Medien GmbH, 96277 Schneckenlohe
Printed in Germany

INHALT

VORWORT

War es denn wirklich völlig anders, mit einem Mustang zu arbeiten? Diese Frage wurde mir häufig während des Projekts und auch danach gestellt. Meine spontane Antwort darauf ist und bleibt: »Ja!«

Es war eine besonders intensive und überaus lehrreiche Zeit, denn ich beschäftigte mich auch außerhalb des eigentlichen Trainings sehr stark mit »meinem« Mustang und mit der gesamten Thematik.

Ich habe nicht nur mehr über die Hintergründe und Herkunft dieser Pferde gelernt, die Begegnung mit ihnen gab mir vor allem Aufschluss über die wahre Natürlichkeit von Pferden. Ich habe erkannt, dass Mustangs keine Pferde sind, die für unsere Belange und Wünsche gezüchtet wurden – wie es bei unseren Hauspferden der Fall ist. Die Selektion der Mustangs fand nach den äußeren Einflüssen der Natur statt.

Ich habe durch das Projekt außerdem gelernt, manche Gegebenheiten in der Pferdeausbildung und in unserem Umgang mit den Pferden aus einem neuen Blickwinkel zu betrachten – nämlich aus dem der Pferde. Ich durfte mein Wildpferd in seiner puren Natürlichkeit erfahren, mit all den Vorzügen und Schwierigkeiten, die diese Natürlichkeit mit sich bringt.

Würde ich es wieder tun? Meine Antwort lautet auch hier ganz klar: »Ja.« Die 90 Tage waren besonders. Sie haben mir in vielerlei Hinsicht die Augen geöffnet und mich weitergebracht auf meinem Weg, pferdegerecht zu handeln und die Natur des Pferdes weiter zu erforschen.

Ich habe diese Zeit auch als physisch und emotional nicht ganz einfach erlebt. Dennoch: Ich würde die gemachten Erfahrungen jederzeit wieder machen wollen. Ich bin froh darüber, dass ich »meinen« Mustang kennen lernen durfte.

Ihre

Dr. Vivian Gabor

DIE SITUATION DER MUSTANGS IN AMERIKA

Wenn man sich mit der Problematik der Mustangs in Amerika beschäftigt, tritt die romantische Assoziation, die einem bei dem Begriff »Mustang« in den Sinn kommt, schnell in den Hintergrund. Die Mustangs sind ausgewilderte Hauspferde, die von Pferden amerikanischer Einwanderer abstammen.

Anfang der 1960er-Jahre waren die Mustangs fast vom Aussterben bedroht, da sie in großer Zahl eingefangen und geschlachtet wurden. Ihre Schlachtung wurde daraufhin verboten, was die Population der Mustangs unkontrolliert wachsen ließ. Die Überpopulation der Pferde führte dazu, dass die Tiere nicht mehr genug Nahrung fanden. Ende der 1980er-Jahre wurden vom BLM (Bureau of Landmanagement) die ersten Auffangstationen gegründet, in denen eingefangene Mustangs mit dem Nötigsten versorgt wurden. Derzeit befinden sich in Nordamerika über 50.000 Mustangs in freier Wildbahn und 45.000 in Auffangstationen. Das »Appropriate Management Level« (AML) gibt an, ob das Verhältnis von Nahrungsgrundlage und Anzahl der Tiere stimmig ist. Mit etwa 27.000 Tieren wäre dieses Verhältnis ausgeglichen, das AML wird also derzeit um ein Vielfaches überschritten. Dies hat zur Folge, dass das Land weiter verödet und die Ressourcen für immer weniger Tiere ausreichen. Die Population der Mustangs verdoppelt sich alle vier Jahre. Folge der starken Überweidung ist, dass die Tiere am Hungertod sterben.

Jährlich werden in den USA etwa 10.000 Pferde eingefangen, aber nur 5.000 Pferde vermittelt. Um die Adoption der eingefangenen Mustangs zu ermöglichen und zu beschleunigen, gibt es in den Vereinigten Staaten einige »Mustang Makeovers« im Jahr. Trainer bilden hierfür Mustangs in einem bestimmten Zeitraum aus und stellen deren Können dann einem Publikum vor, um zum Kauf der Tiere anzuregen. Diese »Adoptionen« sind die einzige Möglichkeit, das zukünftige Leben der »gefangenen« Mustangs lebenswert und pferdegerecht zu gestalten.

Wer, welches Pferd bekommt, geschieht nach dem Zufallsprinzip: Aus einem Karton zieht man ein kleines Pferdchen mit der TAG-Nummer des Mustangs, seiner Registriernummer.

DER ERSTE MONAT

1 2 3 4 5 6 7
8 9 10 11 12 13 14
15 16 17 18 19 20 21
22 23 24 25 26 27 28
29 30 31

DER ZWEITE MONAT

1 2 3 4
5 6 7 8 9 10 11
12 13 14 15 16 17 18
19 20 21 22 23 24 25
26 27 28 29 30

DER DRITTE MONAT

1 2
3 4 5 6 7 8 9
10 11 12 13 14 15 16
17 18 19 20 21 22 23
24 25 26 27 28 29 30
31

DIE MUSTANGS KOMMEN IN FRANKFURT AN

Ein merkwürdiges Gefühl: Wir fahren nach Frankfurt und wissen, wir werden mit einem Mustang zurückkommen. Es fühlt sich für mich noch etwas unwirklich an, dass ich tatsächlich an diesem Projekt beteiligt bin. Wie wird es werden, einen Mustang zu trainieren? Wird es ähnlich oder vollkommen anders sein als mit den Pferden, mit denen ich bislang zu tun hatte? Ich denke nicht viel darüber nach, denn ich habe keine Vorstellung, in welche Richtung die nächsten Monate gehen werden.

Wir kommen gegen 14 Uhr bei der »Animal Lounge« in Frankfurt an, Europas größter Durchgangsstation für lebende Tiere. Hier landen und starten jährlich etwa 15.000 Haustiere, darunter ca. 1.600 Pferde.

Nachdem wir uns angemeldet haben, dürfen wir auf das Gelände fahren. Einige Trainer sind schon da. Ich kenne die meisten nicht persönlich und bin sehr gespannt, wie sie die Situation aufnehmen. Wir müssen uns alle noch eine ganze Weile gedulden und es entsteht ein reger Austausch. Die Presse ist anwesend und es werden Interviews mit den Veranstaltern und einigen Trainern geführt, bis es schließlich zur Verlosung der Mustangs kommt. Die Pferde wurden bereits etwas »vorsortiert«, da einige der Trainer von großer Statur sind und natürlich nicht die kleinsten Mustangs ziehen sollen. Die Verlosung wird in drei Gruppen durchgeführt. Man spürt schon hier die ersten Emotionen. Manche ziehen tatsächlich ihren Wunschkandidaten und sind überwältigt. Ich überlege mir nicht, welches der Pferde gut zu mir passen könnte, sondern lasse es auf mich zukommen. Vielleicht nicht unbedingt ein braunes oder fuchsfarbenes Pferd, denke ich dann doch, eine besondere Färbung wäre ja auch etwas fürs Auge ... Schließlich ziehe ich einen Fuchs. TAG 3219 – die Mustangstute sieht nett aus, ein harmonisches Exterieur, etwas kompakter als die anderen.

Jedem wird eine kurze Nachricht der amerikanischen Trainerin, die die Pferde an das Verladen gewöhnt hat, mit ein paar Sätzen zum Charakter und den Besonderheiten des jeweiligen Pferdes übergeben. Auf meinem Kärtchen steht:

»Sie ist eine sehr unerschrockene, süße Stute. Sie verhält sich manchmal auch wie eine richtige Stute. Sie probiert Sachen gerne aus, versucht auch schon mal zu zwicken. Manchmal ist sie stur, aber insgesamt ganz lieb und sehr freundlich. Sie kommt zu einem her und ist neugierig.«

Danach heißt es weiter warten. Die Pferde sind am Vormittag angekommen und die Papiere werden noch vom Zoll überprüft. Ein paar Stunden später geht es los. Wir bekommen die Unterlagen für den Transport. Der erste Mustang kommt und wird verladen. Manche Trainer nehmen einen Mustang mit, manche transportieren ein weiteres Tier für einen Trainer-Kollegen so wie ich. Alles geht ganz ruhig vonstatten. Wir sind bemüht – trotz innerer Aufregung –, uns still zu verhalten. Aber Anspannung ist dennoch bei allen zu spüren. Das Verladen verläuft ohne

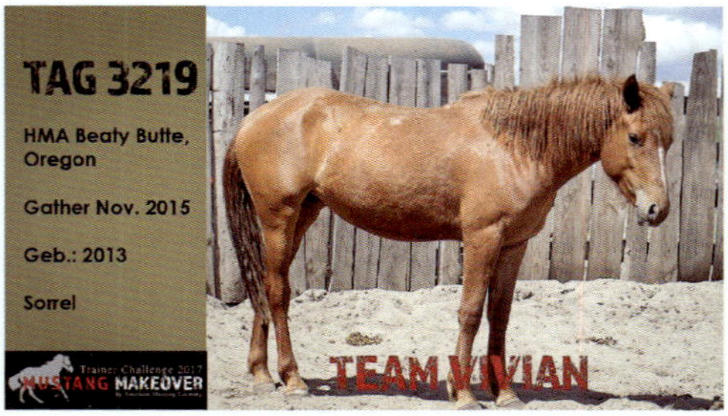

Das ist das erste Bild, das ich von der Mustangstute sehe. Sie wurde 2015 aus der Herde »Beaty Butte« in Oregon eingefangen, also zwei Jahre vor dem Mustang Makeover. Geboren wurde sie 2013.

Die Mustangs wurden in Ruhe verladen. Die erste gemeinsame Fahrt kann beginnen.

Stress. Eine Frau aus dem Organisations-Team ist dafür verantwortlich, sie hat die Mustangs schon auf dem Flug von Atlanta aus begleitet. Die Pferde kennen ihre Stimme und folgen ihr ruhig in den Hänger, keine Überreaktionen, kein heftiges Getrampel, sondern sie zeigen eine äußere Ruhe, die erstaunt!

Aus der »Animal Lounge« direkt in den Anhänger. Der erste Blick auf »meine« Mustangstute. Die Absperrungen am Pferdehänger ermöglichen ihr ein sicheres Einsteigen.

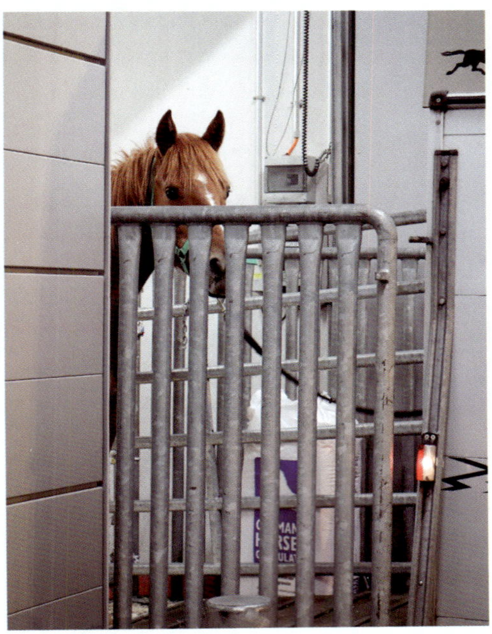

Es wird dunkel. Es dauert seine Zeit, bis der Großteil der 16 Mustangs verladen ist und unsere zwei dran sind. Gespannt erspähe ich »meinen« Mustang das erste Mal. Ein kurzer erster Blick, bevor die Stute lieb in den Anhänger einsteigt. »Sie kennt Futterbelohnung«, sagt die Organisatorin zu mir. Dies wurde bei ihr speziell von der Trainerin, die die Mustangs vorbereitet hat, erwähnt. Mit etwas Belohnung bleibt sie ruhig im Hänger stehen, während das zweite Pferd eingeladen wird. Dann wird die Hänger-Klappe vorsichtig geschlossen und wir können mit den »Wildpferden« an Bord nach Hause fahren.

Ab und zu rumpelt es zwar auf der Fahrt, aber wir kommen problemlos voran. Die Spannung fällt immer mehr von uns ab. Wir sind sehr erschöpft von dem langen Tag und kommen schließlich nachts um halb eins auf unserem Hof an. Zoe, die zweite Trainerin, ist bei uns und wir schleusen die beiden Stuten vom Hänger in ihre vorläufigen Boxen. Auch das klappt ohne Probleme. Die Stuten senken direkt ihre Köpfe und vertiefen sich ins Heu. Sie sind beide ganz ruhig, als wäre nichts gewesen.

DAS ERSTE KENNENLERNEN – THE FIRST TOUCH

Ich zeige der Mustangstute meinen Handrücken und lade sie ein, daran zu riechen, ganz zögerlich streckt sie ihren Kopf in meine Richtung. Sie ist sehr vorsichtig, wirkt aber auch neugierig. Die erste zaghafte Berührung findet statt!

Ich komme an den Bullsnap am Halfter »meines« Mustangs dran und entferne den Strick. Auch bei dem anderen Mustang funktioniert das problemlos. Sicher ein merkwürdiger Moment für die beiden Pferde, denn sie hatten die Stricke die letzten Wochen ständig an ihren Halftern. Kurz darauf fragen wir uns allerdings, ob das eine gute Entscheidung gewesen ist. Ich bin ganz froh, dass wir zu zweit sind und uns erstmal über unsere Gefühle austauschen können. Wir sprechen darüber, wie es wohl die nächsten Monate mit unseren Mustangs laufen wird. Mir wurde noch bei der Abfahrt gesagt, dass die amerikanische Trainerin meinem Mustang den Namen »Mona Lisa« gegeben hatte. Daraus wurde »Mona«.

Es ist schon sehr spät, aber wird verbringen noch einige Zeit vor den Boxen. Da die beiden Stuten bald getrennt werden (Zoes Mustang fährt in zwei Tagen weiter), haben wir sie in separaten Außenboxen untergebracht. Die Pferde sind anfangs vom übrigen Bestand getrennt. Ich bin natürlich neugierig und betrete noch einmal Monas Box. Ich werde allerdings nicht freundlich begrüßt, im Gegenteil: Die Mustangstute will mich nicht so dicht an sich dran haben und droht mir. Das hatte ich nicht erwartet; Skepsis ja, aber eher ein weichendes, vielleicht sogar ängstliches Verhalten. Zoes Stute reagiert anders als Mona. Sie ist sehr schüchtern und weicht ihr in der Box sofort aus.

Schon hier zeigen sich die verschiedenen Charaktere der Pferde deutlich. Vielleicht hatten sie ganz unterschiedliche Vorerfahrungen in der Herde, vielleicht ist Mona mit der verteidigenden Haltung bislang gut gefahren, wer weiß ... Oder ist dieses Verhalten Mustang-typisch?

Diese erste Begegnung und die Abwehr-Haltung der Stute geben mir zu denken. Werde ich dieses Pferd davon überzeugen können, mit mir zu arbeiten? Es kommen Zweifel bei mir auf: Mona »reitbar machen« – innerhalb von drei Monaten. So ganz glaube ich daran noch nicht. Mit diesen Gefühlen endet der erste Tag mit »meinem« Mustang.

DER ERSTE MONAT

WOCHE 1

Die beiden Mustangstuten sind noch zusammen. Wir überlegen, ob wir sie trennen und einzeln in den Roundpen führen können. Ich bin so gespannt auf diesen ersten »Arbeitsschritt«. Am Abend zuvor hatten wir die Stricke von den Halftern gelöst. Wenn wir die Pferde führen möchten, dann müssen die Stricke wieder dran. Die Stuten belehren uns nun eines Besseren: Ans Halfter eines Mustangs einfach so einen Strick dranmachen, keine Chance! Es hatte einen guten Grund, warum die amerikanische Trainerin, die die Pferde halfterführig gemacht und auf den Transport vorbereitet hatte, den Strick am Halfter ließ. Mein vorsichtiges Annähern beobachtet die Stute mit Skepsis. Dadurch, dass sie sich nicht gleich wegdreht, sondern neugierig stehen bleibt, schaffe ich es tatsächlich nach ein paar Minuten, den Karabiner im Halfter-Ring einzuklicken. Bei Zoes vorsichtiger Stute dauert dies etwas länger, aber wir haben ja Zeit.

Mir wird bei diesem ersten »Trainingsschritt« klar, dass man hier nichts mit Schnelligkeit schaffen kann. Dieses Projekt wird mich immer wieder dazu ermahnen, ruhig, mit Bedacht und ohne Zeitdruck an dieses Pferd heranzugehen. Was für eine Aufgabe!

Ich nehme Mona aus ihrer Box, während Zoe bei der anderen Mustangstute bleibt. Sie lässt sich von der Trennung nicht sonderlich beeindrucken. Auch hier hatte ich eine andere Reaktion erwartet.

Die Stuten sind in ihrer vorübergehenden Box ganz entspannt und fressen.

Beide Pferde scheinen – trotz natürlich in der Herde aufgewachsen – eine gewisse Eigenständigkeit mitzubringen. Ich frage mich, ob schon diese erste ruhige Kontaktaufnahme ausreicht, um eine Beziehung zum Menschen aufzubauen. Das wäre enorm schnell und würde mich wundern.

Mona folgt mir ruhig die 50 Meter zum Roundpen, schaut sich um, fällt aber keineswegs in einen Fluchtmodus. Alles ist für sie neu: die Gebäude, zwischen denen wir durchgehen, die anderen Pferde im Bewegungsstall, die sie neben dem Roundpen sieht. Nochmals 50 Meter weiter weg befindet sich die große Reithalle – auch dieses Gebäude scheint sie nicht zu beeindrucken.

Ich betrete den Roundpen vor ihr, sie folgt mir bereitwillig. Wie beginnt man das Training eines wilden Mustangs? Ich versuche, Mona als ein ganz normales Pferd zu sehen und besinne mich auf das, was ich sonst auch machen würde.

Ich starte mit kleinen Aufmerksamkeits- Übungen, durch die sie lernen soll, sich auf mich zu konzertieren. Ich gehe Kurven, halte immer wieder an und beobachte, ob sie auf mich achtet. Dies fällt ihr sichtlich schwer, sie schaut sich nun doch immer wieder um. Sie wankt dadurch etwas hinter mir her. Ein normales Führen kann man das nicht nennen. Ich merke, dass ihr diese Art, am Strick geführt zu werden, überhaupt nichts sagt. Das Ganze ist für sie zunächst einmal nicht natürlich umsetzbar. Warum sollte es das auch? Ich verspüre den Drang, sie loszumachen. Ich überlege kurz, ob das schlau ist und was passieren könnte. Unser Roundpen ist mit Panels eingezäunt, so dass eine Flucht im Prinzip unmöglich ist. Es könnte sein, dass ich Mona erst einmal nicht mehr einfangen kann. Aber wie auch schon mit anderen scheuen oder ängstlichen Pferden erlebt, kann man durch gutes Roundpentraining zu jedem Pferd eine Beziehung aufbauen, die es einem dann ermöglicht, es wieder an den Strick zu bekommen. So meine Theorie.

Also wage ich es und entferne Monas Strick. Dann passiert etwas Erstaunliches. Ich hatte erwartet, dass sie das Weite suchen würde. Ein Verhalten, das ich sonst von Ausbildungspferden kenne, wenn ich sie im Roundpen »laufen lasse«. Sie rennen umher und sondieren die Umgebung. Nicht so die Mustangstute. Kaum ist der Strick ab, bleibt sie einfach bei mir. Ihr kommt es überhaupt nicht in den Sinn, sich von mir zu entfernen oder im Roundpen wild umherzurennen. Sie lässt sich nicht von mir wegschicken, sondern ist eher darauf fixiert, in meiner Nähe zu bleiben!

Dennoch will ich ihr die Möglichkeit geben, sich von mir weg zu bewegen. So gehe ich auch sonst bei jungen Trainings-Pferden vor. Ich mache das unter anderem, um meinen Status als »Leitfigur« zu etablieren. Der Sinn dahinter ist: Ich gebe Richtung und Geschwindigkeit vor und etabliere meinen Platz in der Mitte des Zirkels, der erst einmal nicht ungefragt vom Pferd betreten werden soll. Wenn ich Aufmerksamkeit und Entspannung beim Pferd erkenne, dann hole ich es zu mir in die

Die Mustangstute folgt das erste Mal frei im Roundpen. Sie schließt sich mir an und sucht den Kontakt.

Mitte. So lege ich innerhalb sehr kurzer Zeit den Grundstein für Respekt und Vertrauen. Bei Mona besteht eher die Schwierigkeit, sie von mir weg zu schicken.

Ich frage mich, wie das möglich ist, da es doch heißt: Pferde sind Fluchttiere! Ich erreiche es tatsächlich, sie zumindest ein paar Meter in den Trab zu schicken und hole sie dann wieder zu mir rein. Hier folgt sie mir das erste Mal nach dem Reinholen frei! Was für ein Moment!

DAS ANSCHLIESSEN AN EINE LEITFIGUR

»Hast Du Ahnung, schließe ich mich Dir an!«

Das Zusammenleben in Herden hat sich im Laufe der Evolution entwickelt, um das Überleben der Tiere zu sichern. In einem Herdenverband ist es eher wahrscheinlich, dass Tiere überleben, als wenn sie alleine umherstreifen würden. Hierarchien regeln dabei das Zusammenleben. Die Verletzungsgefahr ist in der Gruppe geringer und die Aufgabenverteilung ist geklärt. Der Status eines Tieres gibt ihm zusätzlich Sicherheit. Die Verantwortung wird an Ranghöhere abgegeben und das Jungpferd wächst unter diesem Schutz auf. Ranghoch wird man durch körperliche Fitness und Erfahrung. Wenn wir es im Pferdetraining schaffen, diese schützende Position zu übernehmen, wird sich das Pferd uns gerne anschließen und damit die Verantwortung für sein Überleben zu einem gewissen Teil an uns abgeben.

DER ZWEITE TAG

Nach dem schönen Moment gestern, als Mona mir gefolgt ist, gehe ich heute wieder in den Roundpen. Jetzt beginne ich allerdings mit der Arbeit am Strick. Die Stute ist sehr aufmerksam und ich starte mit Grundübungen wie Anhalten und Rückwärtsweichen. Wenn ich anhalte, muss das Pferd ebenfalls stoppen. Wenn ich vor dem Pferd stehe und auf es zugehe, muss es rückwärts weichen. Die Grundeinstellung, mir meinen Raum zu lassen, empfinde ich hier als besonders wichtig, denn Monas Neugierde veranlasst sie immer wieder, zu mir zu kommen, was schön ist. Mir fällt auf, dass das Herausschicken aus meinem Bereich von ihr sofort mit einer Mimikveränderung beantwortet wird. Körperlicher Druck, der in ihrer Nähe aufgebaut wird, wird also eher mit Gegenwehr beantwortet als mit Flucht.

FIGHT OR FLIGHT –
Warum die Flucht für das Fluchttier nicht immer das Beste ist

»Fight or Flight« nennt man das Verhaltensphänomen, welches vom Pferd die schnelle Entscheidung abverlangt, zu fliehen oder zu kämpfen. Bei einem Fluchttier würde man meinen, dass immer die Flucht die erste Option wäre. Jedes Flüchten bringt aber einen hohen Energieaufwand mit sich. Wenn die Bedrohung durch einen Kampf oder ein Abwehrverhalten schnell behoben werden kann, ist dies die Option mit geringerem Energieverlust. Da auch die Energie ein lebenswichtiges Gut in der freien Wildbahn ist, die erst mühsam über Futter aufgebaut werden muss, kann das Abwehrverhalten eine ökonomischere und damit auch sicherere Entscheidung sein.

Um die Grundlagen des Weichens mit ihr zu üben, was für alle weiteren Ausbildungsschritte wichtig ist, versuche ich sie folgendermaßen zum Weichen zu veranlassen: Meinen Blick richte ich auf die Hinterhand und ich drehe mich in Richtung dieses Körperteils. Es ist erstaunlich, wie fein Mona auf meine Körpersprache reagiert. Ich brauche kaum muskuläre Spannung aufzubauen, sie versteht ganz natürlich, was ich von ihr möchte. Ich gehe als nächstes in einem kleinen Halbkreis vor ihr entlang

Das Weichen der Hinterhand funktioniert direkt auf Blick und Körpersprache. Durch den Fokus auf die Hinterhand versteht die Stute auf natürliche Weise, welcher Bereich des Körpers weichen soll. Dies funktioniert ohne langes vorbereitendes Training.

und richte meinen Blick auf ihre Schulter. Die Übung, die Vorhand weichen zu lassen, ist für Pferde grundsätzlich nicht einfach, da mehr Gewicht auf der Vorhand lastet. Die Bewegung der Schulter – die Schulterkontrolle – ist auch später beim Reiten schwieriger, als die Hinterhand zu kontrollieren. Aber auch hier versteht Mona erstaunlich schnell, dass ich sie bei jeder richtigen Reaktion sofort mit meinem körperlichen »Druck« in Ruhe lasse. Die Umsetzung dieser ersten Lernschritte geschieht innerhalb weniger Minuten. Ich merke, dass ich es mit einem Pferd zu tun habe, das in der Umsetzung von neuen Dingen unglaublich schnell ist. Wenn es den Sinn einer Aufgabe verstanden hat, nämlich dass der Druck bei richtiger Reaktion wieder weggenommen wird, ist es motiviert und aufmerksam bei der Sache.

DAS LERNEN IN FREIER WILDBAHN

Lernen wird als Anpassung an sich ändernde Umweltbedingungen definiert. Sein Leben lang lernen zu können, stellt damit einen überlebenswichtigen Mechanismus dar. Für ein wild lebendes Pferd, welches durch verschiedene Habitate streift, ist dies unumgänglich.

Sich schnell anpassen zu können und richtig auf neue Umgebungsreize reagieren zu können, haben die Mustangs über viele Generationen besonders ausgeprägt entwickelt. Einen Reiz als relevant oder nicht relevant zu erkennen – also als eine oder keine Bedrohung – ist ein wichtiger Mechanismus, um lebensnotwendige Energie zu sparen und diese nicht mit häufiger sinnloser Flucht zu verschwenden.

Ich führe ein Lobwort ein: Wenn die Stute die richtige Reaktion zeigt und ich das Signal beende, sage ich mit hoher Stimme »fein«. So

Die ersten Seitwärts-Schritte funktionieren spontan. Die Blickrichtung auf den Pferdebauch hin und die leicht erhobene treibende Gertenhand geben dem Pferd das Signal zum Weichen.

habe ich später bei neuen Übungen und auch vom Sattel aus die Möglichkeit, ihr die Richtigkeit ihrer Reaktion schnell bestätigen zu können. Der Klicker funktioniert nach demselben Prinzip (siehe »Sekundärer Verstärker«). Mona schafft tatsächlich in dieser 20-minütigen Einheit schon nach zwei Wiederholungen, ihre Vor- und Hinterhand zwei Schritte überkreuzen zu lassen. Sie scheint dabei immer motiviert auf mich zu achten. Ich wage den Versuch, schaue ihr auf den Bauch und gehe vor ihr ein paar Schritte auf einer gedachten Linie entlang. Tatsächlich versteht sie mich auch hier und fängt an, zwei Schritte hinten und vorne in ein Seitwärts zu kreuzen.

Es ist ein schönes Gefühl, denn diese schnelle Umsetzung zeigt mir bei diesem rohen Pferd, dass die Signalgebung, die ich mir in der Ausbildung von vielen »normalen« Jungpferden angeeignet habe, funktioniert und übertragbar ist. Außerdem scheinen diese Signale von einem Wildpferd noch schneller verstanden zu werden, als von unseren Hauspferden.

DAS LOBWORT – DER SEKUNDÄRE VERSTÄRKER

Ein sekundärer Verstärker ist wie eine Brücke zwischen der richtigen Reaktion und der Belohnung zu sehen. Der Verstärker, meist ein Geräusch (Klick oder Lobwort), zeigt an, dass eine Reaktion in einem bestimmten Moment gewünscht war. Zuvor muss ein sekundärer Verstärker allerdings mit einer Belohnung, beispielsweise Futter oder einer Pause, verknüpft werden. Auf diese Weise lässt sich ein Verhalten direkt belohnen, der Einsatz der Belohnung damit aber etwas hinauszögern. Im Jungpferdetraining macht es Sinn, mit einem Lobwort zu arbeiten, da es später für weitere neue Lektionen genutzt werden kann, auch wenn nicht jedes Mal eine Futterbelohnung auf den sekundären Verstärker folgt.

An Tag zwei reist die zweite Mustangstute in ihr vorübergehendes Zuhause. Wir verladen sie langsam, was gut funktioniert. Nach ihrer Abfahrt bleibe ich ein paar Minuten an Monas Box stehen. Ihre Aufregung hält sich in Grenzen. Ich kann sie problemlos am Halfter hinausführen und zu ihrer neuen Paddockbox bringen, in der sie die nächsten drei Monate wohnen wird. Wieder überrascht mich das Pferd. Mona geht in die neue Box hinein, schaut sich um, beschnuppert kurz ihren Nachbarn – einen Friesen – und widmet sich dann ihrem Heuberg. Ihre Art, mit der neuen Umgebung umzugehen, erstaunt mich, aber bei weiterem Darüber-Nachdenken macht es Sinn, sich nicht über jede Kleinigkeit, die zwar neu, aber offensichtlich ungefährlich ist, aufzuregen und wertvolle Energie dabei zu verschwenden. Wer weiß, wofür man diese irgendwann noch braucht.

Monas erster Kontakt zu einem »Nicht-Mustang« verläuft entspannt.

DER DRITTE TAG

Ich verbringe viel mehr Zeit in der Nähe von Mona, als ich es üblicherweise bei Berittpferden mache. Manchmal stehe ich nur vor ihrer Paddockbox und schaue ihr beim Fressen zu. Und dies tut sie ohne Unterlass. Es scheint so, als würde sie alles, was sie bekommen kann, in sich aufsaugen. Kein Wunder, wenn man bedenkt, dass natürlicherweise jede Art von Nahrung sehr wertvoll ist. Das Wildpferd weiß nicht, wie lange der Vorrat noch reicht, und wann es die wertvolle, über das Futter gewonnene Energie wieder bei einer Flucht oder einem Kampf verschwenden muss.

Ich überlege, was ich ihr noch zufüttern kann. Das Futter muss einerseits energetisch Sinn machen, andererseits darf es ihren Organismus nicht überfordern, da sie nur Gras, Heu und Luzerne kennt, wie uns gesagt wurde. Ich entscheide mich dafür, ihr getrocknete Luzerne zu füttern, um sie weiter »aufzupäppeln«. Sie kam nicht zu dünn aus Amerika an, aber ein bisschen mehr Masse und Energie – auch für den Aufbau von Muskeln – kann nicht schaden. In ihrer Box befindet sich bereits ein Salzleckstein.

Unser Training setze ich heute erneut im Roundpen fort. Als erstes lasse ich sie frei um mich herumlaufen, wieder ist es eher schwierig, sie ins »Vorwärts« zu bekommen. Sobald ich meine Köperspannung beim Vorwärtstreiben verringere, bremst sie sofort wieder in den Schritt ab. Sie zu mir einzuladen, klappt schon ganz gut, denn da ist Pause.

Sobald die Mustangstute sich im Schritt oder Trab entspannt und den Kopf senkt, verringere ich sofort meine Körperspannung. Kopfsenken und Lob wird von ihr verknüpft und sie lernt immer mehr, eine entspannte tiefe Kopfhaltung einzunehmen.

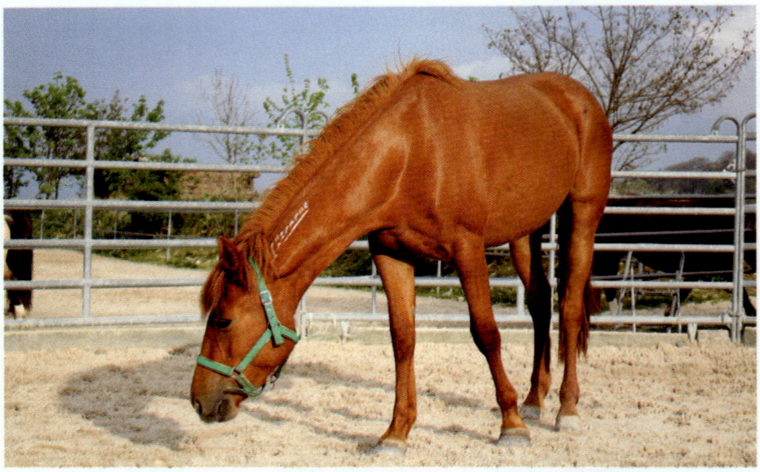

DER ERSTE MONAT

1	2	3	4	5	6	7
8	9	10	11	12	13	**14**
15	16	17	18	19	20	**21**
22	23	24	25	26	27	**28**
29	30	31				

DER ZWEITE MONAT

			1	2	3	**4**
5	6	7	8	9	10	**11**
12	13	14	15	16	17	**18**
19	20	21	22	23	24	**25**
26	27	28	29	30		

DER DRITTE MONAT

					1	**2**
3	4	5	6	7	8	**9**
10	11	12	13	14	15	**16**
17	18	19	20	21	22	**23**
24	25	26	27	28	29	**30**
31						

Pausen nimmt sie sehr gut als Lob an. Sie achtet unglaublich fein auf meine Körpersprache, also zeige ich ihr jetzt schon, dass ich meine Köperspannung sofort herunterfahre, sobald sie beim Traben den Kopf leicht senkt.

Auch hier sind nur ein paar Wiederholungen ausreichend, bei denen die Tendenz zum Kopfsenken und die entspannte Köperhaltung als Belohnung zusammentreffen, damit sie versteht, was ich von ihr möchte.

KONDITIONIERUNG – EIN ZUFÄLLIGES VERHALTEN BELOHNEN

Konditionierung bedeutet, dass ein zunächst zufälliges Verhalten durch mehrmalige Verknüpfung mit einem positiven Ausgang verstärkt wird, also gezielt häufiger auftritt (operante Konditionierung). Ein direktes Signal, z.B. das Berühren des Pferdegenicks zum Absenken des Kopfes (siehe Seite 21), kann nach und nach verändert werden – z.B. in eine Geste umgewandelt werden – und behält weiterhin seine Bedeutung (klassische Konditionierung).

BERÜHRUNG ZULASSEN

Ich versuche, Mona immer häufiger am Körper zu berühren. Sie lässt sich nicht gerne anfassen. Warum auch, sie kennt es nicht. Für sie ergeben meine Berührungen keinen Sinn. Welches andere Tier als einen Artgenossen würde ein Pferd in freier Wildbahn berühren? Dazu würde es nur im Falle eines Angriffs kommen. Wenn sich Artgenossen beispielsweise bei der sozialen Fellpflege berühren, dann gehen dabei immer bestimmte Gesten voraus. Es wird sich langsam, fragend angenähert, und nur wenn der andere einwilligt, beginnt das gegenseitige Fellkraulen. Die Selbstverständlichkeit, einfach zu unseren Pferden zu gehen und sie anzufassen, sollten wir unbedingt überdenken und uns klarmachen, was es für die Pferde bedeutet.

Mona zeigt mir deutlich, auch bei sehr vorsichtiger Annäherung, dass sie meine Berührung nicht mag. Ich gehe davon aus, dass sie nicht einschätzen kann, was ich mit der Berührung bezwecke. Sie verändert ihre Mimik und sendet ganz schnell Drohsignale in meine Richtung. Ich lasse mich davon nicht sonderlich einschüchtern, entspanne mich bewusst und berühre sie mit langsamen streichelnden

Mona ist noch skeptisch bei direkter Berührung: Die Haltung der Ohren und des Kopfes zeigt dies deutlich. Ich nehme selbst eine entspannte Körperhaltung ein und taste mich langsam vor. Das Berühren mit dem Gertenknauf an den Beinen auszuhalten, fällt ihr leichter, als die direkte Berührung mit der Hand.

Bewegungen im Schulter-Widerrist-Bereich. Sobald sich ihre Mimik entspannt, beende ich meine Berührung. Mona soll merken, dass sie mitentscheiden darf und ich sie zu nichts zwingen werde. Ihr soll klarwerden, dass nicht Abwehr, sondern Akzeptanz und Entspannung die Lösung ist, mich zu beeinflussen.

Diese Übung lasse ich sie nur sekundenweise »ertragen« und gehe dann wieder zu weichenden Übungen über.

DEM DRUCK WEICHEN

Ich halte es für äußerst wichtig, Pferden, die mit Menschen zusammenarbeiten, das Grundprinzip, dem Druck zu weichen, so früh wie möglich beizubringen. Ich meine damit nicht nur den späteren Druck am Zügel oder den Druck durch das Reiterbein, sondern auch den Körperdruck und die Körperspannung, die der Mensch vom Boden aus aufbaut. In der Natur würde der ranghöhere Artgenosse durch eine veränderte Mimik, Gestik und Körperspannung dem rangniederen vermitteln, dass er sich von ihm wegbewegen soll. Dies auf den Menschen zu übertragen stellt für das Pferd einen recht einfachen Lernschritt dar, da es von Natur aus so kommuniziert.

Durch die Übungen, die Hinterhand und die Vorhand weichen zu lassen, habe ich mit Mona gestern bereits Grundlagen dafür geschaffen. Heute wiederhole ich diese Übungen mit und auch ohne Strick. Ich brauche den Strick nicht, denn Mona sucht meine Nähe, folgt mir frei und zu meinem Erstaunen setzt sie die Übungen von gestern direkt um. Sie gibt sich besonders große Mühe, die Vorderbeine weit zu kreuzen, wenn ich dafür sofort das Lobwort »fein!« einsetze und meinen Körperdruck auf der Stelle wegnehme. Auch das seitliche Überkreuzen der Vorder- und Hinterbeine klappt direkt. Die Stute merkt, wohin ich meinen Fokus durch Blick und Körperausrichtung setze. Es ist ein großartiges Gefühl, dass diese Art der Kommunikation bei diesem untrainierten Pferd direkt ankommt. Was ich mache, empfindet Mona als logisch!

Ich versuche mit ihr eine weitere Übung, die zum einen dazu dient, feinem Druck zu weichen, zum anderen soll sie bei ihr später immer wieder Entspannung abrufbar machen: das Kopfsenken.

Ich gebe mit einer Hand am Strick leichte Impulse nach unten, mit meiner anderen Hand berühre ich Monas Genick. Es folgt eine Reaktion, die ich bislang bei keinem Hauspferd so stark beobachtet habe: Sobald ich mit meinen Fingern leichten Druck auf ihre Genickmuskulatur aufbaue, schüttelt sie heftig den Kopf, als hätte ihr ein lästiges Insekt in den Mähnenkamm gezwickt. Ich könnte ihr an dieser Stelle aufgrund ihrer Reaktion schnell den Trick »Nein sagen« beibringen, was ich natürlich nicht mache.

Ich lasse meine Hand von ihr nicht »abschütteln«, sondern bleibe mit leichtem Kontakt an ihrem Genick dran. Sie muss jetzt nur die »richtige« Reaktion zeigen – in diesem Fall, den Kopf vom Druck weg Richtung

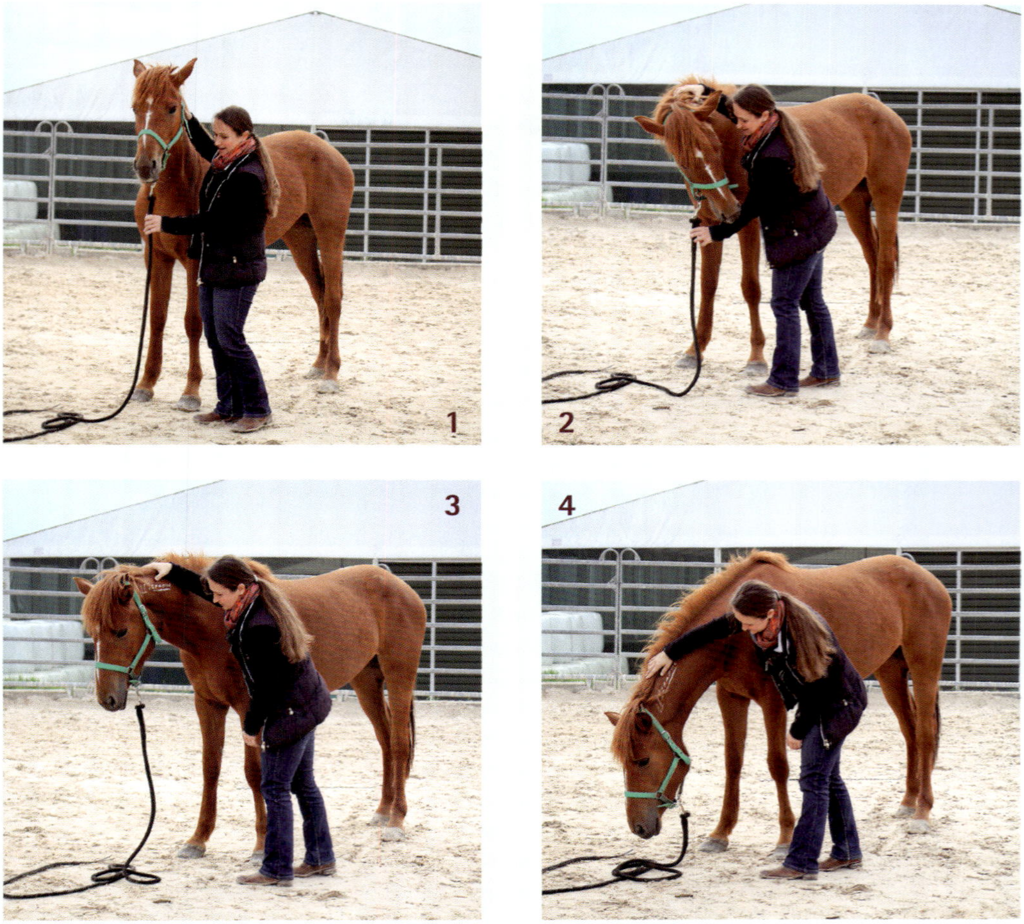

Die Berührung am Genick löst bei der Mustangstute zunächst Skepsis und Gegendruck aus (Bild 1). Anschließend versucht sie durch Abwehrverhalten – ein Zwicken in den Arm – den Druck loszuwerden (Bild 2). Ich bleibe entspannt, mit leichtem Druck an ihr dran und warte die richtige Reaktion ab (Bild 3). Ein paar Sekunden später senkt sie den Kopf und der Druck über meine Finger lässt sofort nach (Bild 4).

Boden bewegen. Und siehe da, ein paar Sekunden später kommt sie auf die Idee, dies zu tun. Sofort beende ich meine Berührung.

Die Übung »Kopfsenken« ist für mich auch später vom Sattel aus äußerst wichtig, um beim Pferd jederzeit eine entspannte Haltung abrufbar zu machen.

ENTSPANNUNG DURCH KOPFSENKEN

Wenn der Körper in eine entspannte Haltung versetzt wird, folgt das Gehirn mit dem Ausschütten von beruhigenden Substanzen. Körperhaltung und Psyche sind damit in Wechselwirkung. Normalerweise tritt die gesenkte Kopfhaltung auf, die mit Entspannung der Rücken- und Halsmuskulatur einhergeht, wenn das Pferd döst oder frisst – also keine Gefahr droht. Das Gehirn versetzt damit das Pferd in einen angenehmen psychischen Zustand. Diese Haltung können wir im Training nicht nur nutzen, sondern auch konditionieren. Das heißt, wir machen dadurch Entspannung abrufbar.

DER VIERTE TAG

Mona trägt noch ihr grünes Halfter aus Amerika. Ich habe bislang nicht versucht, es ihr abzunehmen. Sie lässt sich zwar schon am Kopf anfassen, es ist mir aber immer noch zu heikel, ihr das Halfter komplett abzunehmen. Den langen Strick, der am Anfang an ihrem Halfter dran war, habe ich gegen ein kurzes Strickstück getauscht. Das hat den Vorteil, dass ich mit der Hand nicht direkt an den Kopf heranmuss, um einen Strick einzuhaken. Die Annäherung mit der Hand wird von Mona mit Skepsis beobachtet, also ist der kurze Strick für uns zunächst die beste Lösung.

Heute drehe ich ein Video mit Mona im Roundpen. Es geht um die Themen Gewöhnung und Sensibilisierung. Ich halte darin die wichtigsten Grundlagen fest, die mir am Anfang der Pferdeausbildung wichtig sind. Das Pferd soll auf meine Signale – besonders auf meine Körperspannung – achten, denn diese erkennt es von Natur aus gut. Ich möchte, dass Mona sensibel reagiert, wenn sie auf meine Signale hin weichen soll. Die präzise Erhöhung meiner Körperspannung soll sie zum Weichen ermutigen. Auf der anderen Seite soll Mona in ungewohnten Situationen oder vor vermeintlichen Schreckobjekten nicht überreagieren, am besten sogar noch entspannen, wenn ich ihr dies über meine minimale muskuläre Spannung vermittle.

Das Video dazu finden Sie auf der Seite www.viviangabor.de

PFERDE ACHTEN NATÜRLICHERWEISE AUF KÖRPERSPANNUNG

In der Wildpferdeherde ist es von großer Bedeutung, auf die Signale und somit auf die Körpersprache der anderen Artgenossen zu achten. Wenn eine Bedrohung erkannt wird, macht sich die gesamte Herde innerhalb weniger Sekunden fluchtbereit. Die Muskulatur spannt sich an und es werden aufputschende Substanzen wie Adrenalin ausgeschüttet. Dadurch wird das Pferd optimal auf eine Flucht vorbereitet. Diese Herdensynchronisation ist lebensnotwendig für Pferde. Genauso wichtig ist es, wenn keine Gefahr droht, Ruhe und Entspannung von den anderen Herdenmitgliedern zu übernehmen. Dann ist es Zeit, sich auszuruhen und Energie zu sammeln für die nächste drohende Gefahrensituation.

GEWÖHNUNGSÜBUNGEN

Um sie weiter an Berührungen zu gewöhnen, streiche ich die Mustangstute zunächst mit dem Gertenknauf ab. Dieser ist etwas »flächiger« als die feine Seite der Gerte und soll ihr Vertrauen in meine Berührungen geben. Ich nutze die Gerte als eine Verlängerung meines eigenen Körpers.

Das Annähern in der Box löst bei der Mustangstute zunächst Skepsis und Abwehrverhalten aus. Aus diesem Grund ist es einfacher, sie vorsichtig über einen kurzen Strick zu sich zu holen.

Frei im Roundpen ist der Strick nicht nötig, da sie hier mit Annäherung und Berührung entspannter umgeht. Sie fühlt sich hier weniger eingeengt, als in der Box.

Dies hilft mir, meine eigene Körperhaltung zu entspannen, und das Pferd trotzdem überall berühren zu können. Mir fällt auf, dass Berührungen mit der Gerte oder mit dem Bodenarbeitsseil weniger Spannung oder Skepsis bei Mona auslösen, als wenn ich sie mit der Hand berühre. Dies scheint logisch: Durch Equipment vermittelt man auch Spannung, aber mit dem eigenen Körper ist die Übertragung von Körperspannung viel direkter.

WARUM ES NICHT NORMAL IST, EIN PFERD ZU BERÜHREN

Berührung durch andere Tiere als Artgenossen bedeutet für Pferde in freier Wildbahn grundsätzlich erst einmal Gefahr. Eine Berührung durch Raubtiere, Schlangen oder Insekten ist beim Pferd negativ besetzt. Untereinander berühren sich Pferde beispielsweise zum gegenseitigen Fellkraulen. Dieses Verhalten wird eindeutig und durch ruhiges Annäherungsverhalten des Artgenossen initiiert. Wenn wir also ein Jungpferd oder ein Pferd, das den Menschenkontakt nicht kennt, berühren wollen, sollten wir uns immer vor Augen führen, dass diese Art von Annäherung und Kontaktaufnahme für es nicht natürlich ist!

In meinem heutigen Training streiche ich Mona für ein paar Momente mit der Gerte ab, dabei soll sie keine Reaktion zeigen. Anschließend verändere ich meine Körpersprache leicht und lasse das Pferd mit der Hinterhand oder der Vorhand weichen. Durch diesen Wechsel soll Mona lernen, meine Handlungen immer besser einzuschätzen. Sie soll sich darauf verlassen können, mich richtig zu lesen und zu verstehen. Dadurch werde ich meine Reize immer feiner setzen können.

Nach den Gewöhnungsübungen, die sie heute sehr gut umgesetzt hat, erweitere ich mein Training durch ein »Schreckobjekt« in Form einer Plastiktüte.

Ich nähere mich Mona nicht frontal mit diesem neuen Objekt, dies könnte von ihr direkt als Bedrohung wahrgenommen werden, sondern nehme sie an den Strick und gehe mit der zusammengeknüllten Plastiktüte vor ihr her. Ich merke, dass sie dieses unbekannte Objekt nicht einschätzen kann und wahrscheinlich nicht so leicht an sich ranlassen wird. Indem ich vor ihr hergehe, zeige ich Mona, dass das Objekt grundsätzlich vor ihr weicht, wenn sie darauf zugeht. Das Schlimmste, was einem Fluchttier passieren könnte: es flieht und das Objekt hetzt hinterher. Aus diesem Grund würde ich einem Pferd niemals einen Schreckgegenstand umbinden oder an ihm befestigen.

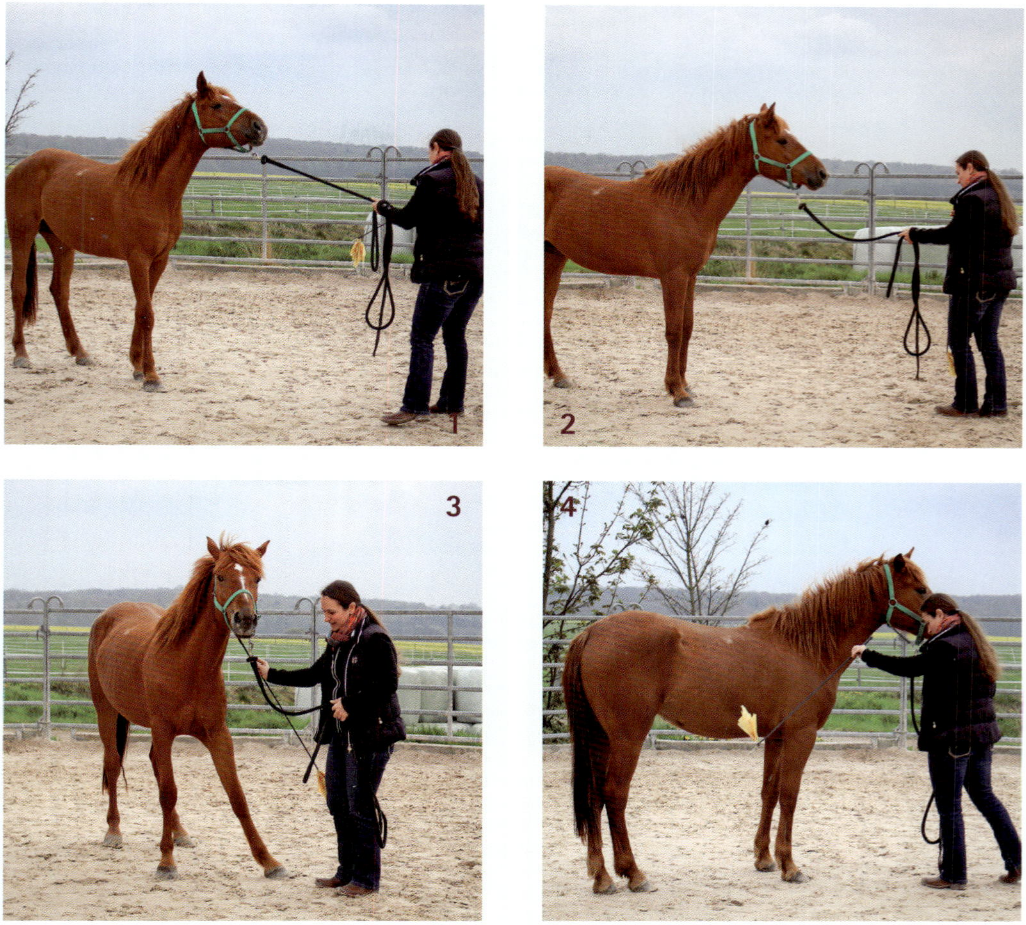

Nicht nur beim Einsatz einer Plastiktüte, sondern auch bei einer »Flattergerte« ist die Mustangstute zunächst skeptisch. Ich halte den Druck am Halfter (Bild 1), bis sie einen Schritt nach vorne nachgibt (Bild 2). Nach und nach verliert sie die Furcht vor dem neuen Objekt.

Anschließend versuche ich die Annäherung mit der Plastiktüte von schräg vorne auf Monas Schulter zu. Ich gehe dabei mit gesenkter Kopfhaltung und etwas von ihr weggedreht auf sie zu. So vermittle ich ihr weniger Spannung. Die noch zusammengeknüllte Tüte halte ich dabei in der Hand. Hier nutze ich das Prinzip der »Überschattung«. Ein Reiz, in diesem Fall das Abstreichen mit meiner Hand, wird von einem »neuen« Reiz überschattet – hier die Berührung mit der Plastiktüte, die ich nach und nach hinzufüge. Als Mona das bemerkt, macht sie einen riesen Satz zur Seite!

Wir kommen kurz in die Position, in der ich sie mit der Plastiktüte anblicke und sie versucht, sich mir rückwärts zu entziehen. Ich lasse sie auf den Druck am Halfter nicht weiter von mir wegkommen, sondern halte ruhig dagegen und versuche, meine Körperhaltung wieder zu entspannen. Monas gewaltige Reaktion hat mir einen Schrecken eingejagt. Ich lasse sie den Druck in meine Richtung lösen, indem sie einen kleinen Schritt auf mich zukommt, und lobe dann sofort. Jetzt ist sie natürlich »vorgewarnt« – mit so einer heftigen Reaktion hätte ich nicht gerechnet. Ich versuche die Annäherung erneut, wieder ist die Berührung mit dem Objekt ein Auslöser für eine kurze »Furcht«-Attacke. Erstaunlich dabei ist, dass Mona insgesamt weder aufgebracht noch hektisch wird, die Abwehr- bzw. Fluchtreaktion richtet sich allein auf das Schreckobjekt. Von anderen Jungpferden kenne ich es, dass sie bei einer Überreaktion auf ein unbekanntes Objekt in dem hektischen Zustand bleiben oder sich sogar immer weiter »hineinspulen«. Dies ist hier nicht der Fall.

Mona entzieht sich der Situation nach der Berührung erneut rückwärts. In diesem Moment ändere ich ein wenig die Taktik. Wenn diese »passive« Berührung nicht in ihrem Sinne ist, versuche ich es mit einem Kooperations-Prinzip. Ich halte in dem Moment, in dem noch Spannung auf dem Strick ist, die Tüte nicht still, im Gegenteil, ich fange an, sie zu bewegen. Vorher hatte ich Mona immer mal mit Blick auf die Schulter zu mir hergeholt, was ich nun parallel nutze.

Zunächst versucht Mona noch mehr Distanz zu dem sich bewegenden Schreckobjekt aufzubauen. Hier halte ich einige Sekunden dagegen und hole sie mit dem Blick auf die Schulter und der kreisenden Bewegung, wie ich es auch mit einer Gerte machen würde, zu mir. Es funktioniert: Sie verringert für den Bruchteil einer Sekunde den Druck am Halfter, ich werde dabei sofort still. Ich gebe ihr mehrere Zentimeter Seil, nehme die Plastiktüte sofort herunter und belohne das Pferd überschwänglich mit meiner Stimme. Dann lasse ich die Tüte wieder leicht kreisen, schaue dabei auf Monas Schulter und signalisiere ihr durch meine Körperhaltung eine Rückwärtsbewegung. Es dauert zwei bis drei Sekunden, dann kommt Mona einen Schritt auf mich zu. Ich gehe jetzt aktiver rückwärts, um ihr zu zeigen, dass ihre Bewegung auf das Schreckobjekt zu, dieses zum Weichen bringt. Es hört dabei auf, sich zu bewegen und macht auch keine Geräusche mehr. Sie versteht sehr schnell.

Nach ein paar Wiederholungen, habe ich sie direkt an der Plastiktüte. Die Berührung nimmt sie an diesem Tag noch nicht entspannt hin, aber ich habe für mich eine sehr wichtige Grundlage geschaffen. Ich werde Mona zu nichts zwingen, sondern ihre Kooperationsbereitschaft belohnen und das Finden von Lösungen bei Problemen. Sie soll nicht kopflos die Flucht antreten, sondern sich aktiv mit einem Gegenstand auseinandersetzen. Dies ist für spätere Situationen mit dem Menschen, im Umgang und beim Reiten, äußerst wichtig – denn Pferde werden immer wieder auf für sie »Unheimliches« treffen.

Auf dem Rückweg vom Roundpen zum Stall lasse ich Mona das erste Mal Gras zupfen. Ich will sie langsam an Gras gewöhnen, da ihre Verdauung bislang nicht an unser »fettes« Grün angepasst ist.

Die Anweidephase ist in ihrem Fall also besonders wichtig. Anfangs ist sie skeptisch und probiert das Gras nur ganz vorsichtig. Einmal probiert und geprüft ist die Skepsis allerdings verflogen. Diese Vorsicht kennen wir von unseren Hauspferden in der Regel nicht mehr. Auch wenn es für die Mustangstute überlebenswichtig ist zu fressen, handelt sie erst einmal mit Bedacht, da sie sich in keine Gefahr begeben möchte. Nach dem ersten Kosten scheint sie Gefallen am Gras gefunden zu haben, denn alles Grün, das ihr auf dem weiteren Weg begegnet, zieht sie magisch an. Hier zeigt sich wieder die Wichtigkeit der Nahrungsressource für ein wild lebendes Pferd. Es möchte seine Energiespeicher auffüllen, wo immer es geht.

SKEPSIS BEI NEUER NAHRUNG

Um Mona an mich und meine Berührungen zu gewöhnen und damit sie meine Person mit etwas Positivem assoziiert, halte ich ihr ein Pferdeleckerli hin. Interessanterweise siegt hier die Vorsicht vor der Futtergier, denn sie nimmt es nicht an! Nun wähle ich einen Apfel, also etwas Natürliches. Mona nimmt das unbekannte Futter zwar vorsichtig an, spuckt es aber sofort wieder aus. Wahrscheinlich liegt es an der saftigen Konsistenz, die sie zunächst einmal als merkwürdig empfindet. Auch der süße Geschmack könnte dafür verantwortlich sein. Pferde können viele verschiedene Geschmäcker voneinander unterscheiden, aber Bekanntheit und Gewohnheit scheinen auch hier eine große Rolle zu spielen. Das Bekannte bedeutet für das Pferd »ungefährlich«. Diese Vorsicht zeigt mir wieder die Nähe und Verbundenheit mit der Natur. Bei unseren Hauspferden sind wir eher skeptisch, ob sie Giftpflanzen als solche identifizieren können. Ist dieser natürliche Schutz bei ihnen verlorengegangen? Wir versuchen sie von allen giftigen Gräsern und Sträuchern fernzuhalten, denn wir trauen ihnen diese natürliche Vorsicht oft nicht zu. Ich denke, der Unterschied zwischen in der Wildnis aufgewachsenen Pferden und unseren ist, dass in der Natur immer die Möglichkeit gegeben ist, weiter zu suchen und nicht das essen zu müssen, was in einem begrenzten Paddock oder auf einer abgegrasten Weide noch wächst. Auf der anderen Seite wird ihnen diese wichtige Ressource – ihre Nahrung – täglich mehrmals vorgesetzt, die Entscheidung und Vorsicht, auf sich selbst zu achten, wird ihnen dadurch vielleicht sogar »abtrainiert«. Dies führt dann zu Szenen, einfach alles essen zu wollen, was grün wirkt oder sich in der Futterkammer befindet. Wir sollten uns bewusstmachen, dass wir unseren Pferden durch unsere Haltung auf einem begrenzten Raum die natürliche und sehr sensible Entscheidungsfindung nehmen.

DER FÜNFTE TAG
EINE WICHTIGE GRUNDLAGE – SICH BEHANDELN LASSEN

Eines der wichtigsten Dinge, die ein Pferd lernen muss, das von uns als Freizeitpartner »genutzt« wird, ist die Berührung durch den Menschen und die Konfrontation mit Dingen, denen es in der Natur niemals begegnen würde. Das Pferd an Gegenstände und Situationen zu gewöhnen, liegt in unserer Verantwortung, damit es nicht unter Dauer-Stress kommt oder meint, fliehen oder sich ständig verteidigen zu müssen.

Das ist nicht nur fürs Handling, die Bodenarbeit und das Reiten wichtig, sondern auch, damit wir das Pferd gesundheitlich versorgen oder ihm die Hufe bearbeiten können.

Die Mustangs waren die letzten zwei Jahre in Corrals eingesperrt, ohne großartige gesundheitliche Versorgung. Ihre Hufe konnten sie sich nicht mehr ablaufen, wie in freier Natur. Dementsprechend sehen die Hufe der Pferde aus, auch Monas.

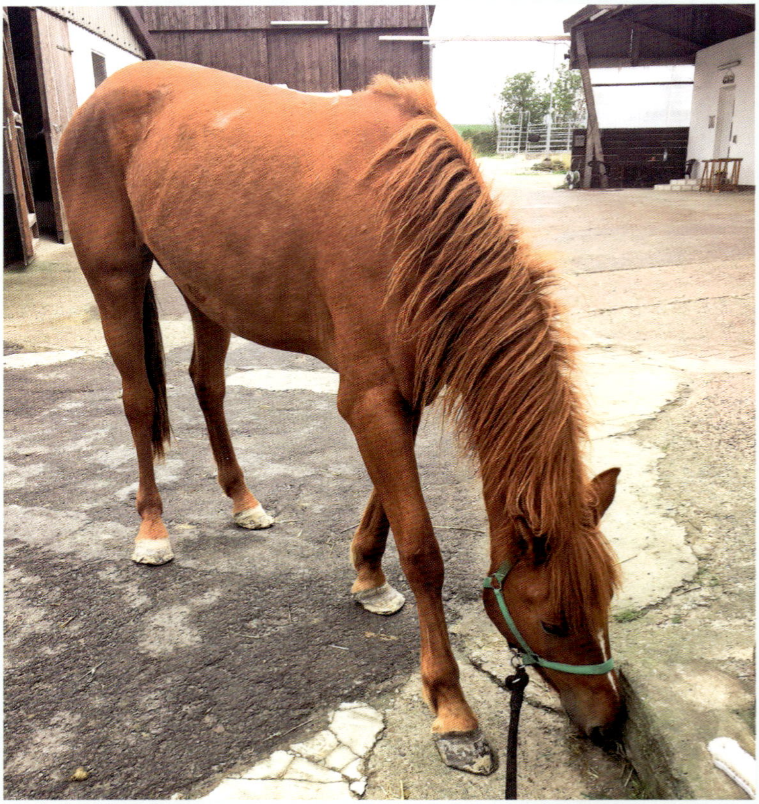

Die Hufe konnten sich in den letzten zwei Jahren der Gefangenschaft nicht mehr natürlich abnutzen. Es ist dringend nötig, dass bald der Hufschmied an die Stute herandarf.

DER ERSTE MONAT

1	2	3	4	5	6	7
8	9	10	11	12	13	14
15	16	17	18	19	20	21
22	23	24	25	26	27	28
29	30	31				

DER ZWEITE MONAT

			1	2	3	4
5	6	7	8	9	10	11
12	13	14	15	16	17	18
19	20	21	22	23	24	25
26	27	28	29	30		

DER DRITTE MONAT

					1	2
3	4	5	6	7	8	9
10	11	12	13	14	15	16
17	18	19	20	21	22	23
24	25	26	27	28	29	30
31						

Eine meiner wichtigsten Aufgaben sehe ich darin, Mona auf ihr Leben bei uns vorzubereiten. Dazu gehört noch vor dem »Sich-Reiten-Lassen«, die Handlebarkeit und das »Sich-Berühren-Lassen« – möglichst überall.

Natürlich macht es für ein Wildpferd erst einmal keinen Sinn, die Berührung eines Menschen zu dulden, der ihm vielleicht, im Falle einer Wundversorgung, auch noch weh tut. Daher ist die gezielte Vorbereitung umso wichtiger.

Mona hat eine kleine Wunde am Unterkiefer, weil das Halfter, das sie schon sehr lange trägt, beim Kauen immer wieder an den Unterkieferast stößt. Diese offene Stelle wird ständig aufs Neue irritiert. Ich konnte ihr am ersten Tag das Halfter bereits etwas lockern, heute schaffe ich es, vorsichtig Wundsalbe auf die Stelle zu tupfen, was ihr bestimmt kurz weh tut, aber die Stute lässt es zu. Ich hoffe, ihr das Halfter bald komplett abnehmen zu können.

Aus diesem Grund arbeite ich weiter am Handling und gehe heute wieder mit ihr in den Roundpen. Hier kann ich mit neuen Gegenständen auf kleiner Fläche arbeiten. Der Roundpen vermittelt den Pferden Sicherheit, denn er stellt durch seine Begrenzung einen Schutzraum für sie dar. Die Pferde können dennoch alles um sich herum wahrnehmen. Sie lernen, sich trotz der Außenreize auf mich als Reizgeber zu konzentrieren. Dafür werden sie von mir sofort gelobt. So mache ich es auch bei Mona: Die Arbeit im Roundpen ist ihr nach ein paar Tagen bekannt und ich kann Schritt für Schritt neue Gewöhnungsübungen mit ihr machen.

Ich berühre sie mit dem Führstrick an Schulter und Rücken und streiche ihr damit über die Kruppe. Dann lege ich Mona den Führstrick über den Rücken und lasse sie hinter mir herlaufen. Der Strick pendelt locker gegen ihren Bauch. Der Gegenstand bleibt zwar an ihr dran, sie soll aber merken, dass keine Gefahr von ihm ausgeht. Ich laufe entspannt vor ihr her und lobe sie dabei. Mein Blick auf ihre Schulter und die Gerte, die in diese Richtung zeigt, ist bereits ein Signal für sie, weiter auf mich zuzukommen. So hat sie eine Aufgabe und der lose Strick auf ihrem Rücken tritt in den Hintergrund.

IN UNBEKANNTEN SITUATIONEN AUF DEN MENSCHEN ACHTEN

Diese Methode, das Pferd auf mich zu konzentrieren, wenn es etwas Neuem oder Furchteinflößendem begegnet, hat sich bewährt. Da ein Pferd seine Aufmerksamkeit nur auf eine Sache richten kann, lenke ich diese auf mich und meine Signale. Gleichzeitig findet die Gewöhnung an das neue Objekt oder die jeweiligen Situationen statt. Das Pferd lernt mehr und mehr, auf den Menschen zu achten und diesem auch in zunächst noch nicht einschätzbaren Situationen zu vertrauen.

Bei der Gewöhnung an den Strick, kann ich wie bei der Plastiktüte vorgehen und Mona wieder zur aktiven Mitarbeit auffordern. Die Berührung an Rücken und Bauch hat sie schon gut akzeptiert. Mir ist es aber wichtig, dass wir in immer mehr Situationen kommen, die vielleicht zunächst Skepsis auslösen und dann – kurze Zeit später – im Guten enden. So kann ich ihr beibringen, dass wenn uns mal etwas Unerwartetes begegnet, auch hier die Lösung darin besteht, auf das Verhalten des Menschen zu achten. Je öfter dieses Prinzip wirkt, umso stabiler kann danach gehandelt werden. Wie gehe ich mit dem Schreckobjekt um? Bin ich selbst angespannt oder entspannt? Wenn das Pferd lernt, meine Intention zu verstehen, wird es mir auch in diesen Momenten folgen können.

Ich mache mit dem Führstrick vor Mona erst kleine, dann immer größere Bewegungen. Der Strick fällt dabei auch mal auf den Boden und

Die richtige Mischung aus Skepsis und Neugier hilft dem Pferd, in der Wildnis zu überleben. Diese beiden Verhaltensweisen sind bei der Mustangstute sehr ausgeprägt. Sie bekommt genug Zeit, ihre neue Umwelt kennenzulernen.

verursacht Geräusche. Ich beobachte sie dabei genau. Ich möchte, dass sie reagiert und eine Lösung findet, aber ich steigere nur vorsichtig den Reiz. Wie auch bei der Plastiktüte möchte die Stute erst einmal von diesem Reiz weg. Sie geht rückwärts, um Abstand zu gewinnen. Ich nutze das gleiche Prinzip wie am Tag zuvor und schwinge den Strick in Richtung ihrer Schulter. Dabei bleibt meine Körperhaltung völlig entspannt. Mona erkennt das gleiche Muster und kommt auf das schwingende Objekt zu. Hier muss ich natürlich wieder sehr auf meine einerseits entspannte, aber auch einladende Körperhaltung achten: Ich begebe mich dabei in eine leicht geduckte Körperhaltung und entferne mich von ihr rückwärts weg. So mache ich ihr Platz, auf mich zuzukommen und helfe ihr, schneller eine Lösung zu finden.

ERSTE ÜBUNGEN ZUM HUFEGEBEN

Bei der Gewöhnung an das Hufegeben gehe ich sehr vorsichtig vor. Mona hat das Abstreichen mit dem Seil und der Gerte bereits kennen gelernt. Es ist sinnvoll, für die ersten Berührungen an den Beinen eine Gerte einzusetzen, denn auf diese Weise ist man etwas aus dem »Gefahrenbereich« heraus, besonders an der Hinterhand. Außerdem kann man selbst aufrecht bleiben und muss keine bedrohlich wirkende, geduckte Haltung neben dem Pferd einnehmen. Für Mona ist es derzeit noch angenehmer, wenn ich sie nicht direkt mit der Hand berühre. Mit der Gerte kann ich beim Abstreichen einen leicht flächigen, stabilen Druck aufbauen. Pferde zucken eher weg, wenn die Berührungen sehr leicht und fein sind – wir kennen dies vom Hautzucken oder Aufstampfen mit den Beinen, wenn sich eine Fliege auf den Pferdekörper setzt. Da ich Mona natürlich auch irgendwann mit der Hand berühren möchte, nutze ich wieder die Methode der »Überschattung«. Wenn man einen neuen Reiz überschattet, nutzt man das Auftauchen eines neuen – vielleicht furchtauslösenden – Reizes, indem man die Aufmerksamkeit des Pferdes auf einen bereits bekannten Reiz legt, der nicht mit Flucht oder Abwehr beantwortet wird. In diesem Fall ist das das wiederholte impulsartige Abstreichen mit der Gerte (wie Bürstenstriche), das man immer mehr durch das Abstreichen mit der Hand ersetzt. Ich arbeite mich nach und nach vom Ellenbogenbereich des Pferdes hinunter zu den empfindlichen Stellen am Röhrbein (siehe Seite 19).

Ist Mona etwas unheimlich, merke ich das sofort an ihrer veränderten Mimik und der Anspannung in ihrem Gesicht. Oft wird das Verhalten mit einem Ohrenanlegen und einem leichten Schnappen begleitet. Ich merke, dass sie mich nicht wirklich beißen möchte. Sie vermittelt mir mit ihrer Reaktion, dass diese Berührung für sie neu und unbekannt ist und außerhalb ihres Komfortbereichs abläuft, was sie nicht möchte. Es ist wichtig, dass ich sie nicht in ihrem Handeln bestätige und die Berührung womöglich wegnehme. Ich lasse sie sofort in Ruhe, sobald sie meine

DER ERSTE MONAT
1 2 3 4 5 6 7
8 9 10 11 12 13 14
15 16 17 18 19 20 21
22 23 24 25 26 27 28
29 30 31

DER ZWEITE MONAT
1 2 3 4
5 6 7 8 9 10 11
12 13 14 15 16 17 18
19 20 21 22 23 24 25
26 27 28 29 30

DER DRITTE MONAT
1 2
3 4 5 6 7 8 9
10 11 12 13 14 15 16
17 18 19 20 21 22 23
24 25 26 27 28 29 30
31

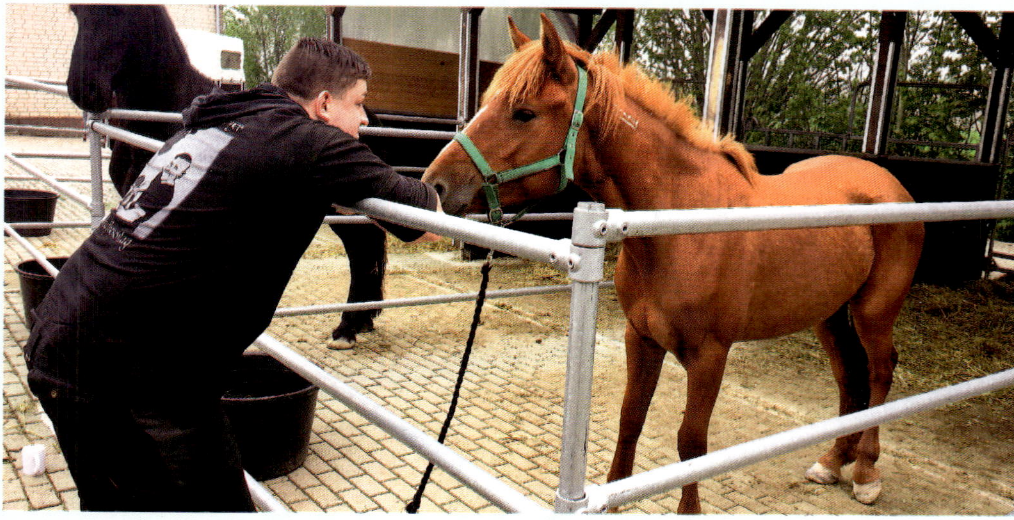

Mona begrüßt neugierig den Hufschmied. Heute steht nur ein Kennenlernen über den Zaun auf dem Programm.

Berührung am Bein für ein bis zwei Sekunden duldet. Diesen Ansatz versteht sie sehr schnell. Ich schaffe es heute sogar, dass sie die Vorderhufe kurz anhebt und lobe sie dann sofort.

Mir wird bewusst, welches Vertrauen Mona mir schon entgegenbringt. Die Bodenhaftung zu verlieren und die damit verbundene Stabilität, ist für ein Wildpferd ein sehr großer Kontrollverlust. Auf allen vier Beinen zu stehen bedeutet für ein Pferd, sein wichtigstes Flucht- und Abwehrmittel direkt einsetzen zu können. Wenn man dann noch bedenkt, dass ich das Bein mit meiner Hand umschließe, die gleichzusetzen ist mit dem Maul eines Raubtiers, wird deutlich, was ich dem Pferd abverlange.

DER HUFSCHMIED LERNT DEN MUSTANG KENNEN

Ich habe das Glück, mit einem Hufschmied zusammenzuarbeiten, der sich für solch ein Projekt die entsprechende Zeit nimmt, ohne seiner wirklichen Arbeit dabei nachzugehen – der Hufbehandlung. Die erste Begegnung von Mustang und Hufschmied findet heute am Paddockzaun statt. Neugierig kommt Mona auf ihn zu und beschnuppert seine Hand. Hier merke ich, wie wichtig es ist, dass dieses Pferd noch keine negative Verknüpfung mit dem Menschen aufgebaut hat, ganz im Gegenteil zu den Pferden, mit denen ich sonst arbeite. Die ständige Neugier scheint tief in diesem Wildpferd verwurzelt zu sein und ihre Skepsis oft zu überdecken.

NEUGIER SICHERT DAS ÜBERLEBEN

Neugier ist ein wichtiger Antrieb unserer Pferde, ihre Welt zu erkunden. Sie schätzen somit ab, was ihnen womöglich gefährlich werden, aber auch was ihnen für ihr Überleben weiterhelfen kann. Dies kann eine neue Futter- oder Wasserquelle, aber auch die Begegnung mit einem Artgenossen sein, der möglicherweise ein neuer Begleiter wird. Neugier ist eng mit Lernverhalten und dem Umgang mit neuen Situationen verbunden. Eine unbekannte Situation durch Neugierde abschätzen zu können, ist somit für das Überleben wichtig.

Endlich ist das Halfter ab! Neugierig untersucht Mona den neuen Zaum. Und als wüsste sie, wofür dieser ist, steckt sie bereits ihre Nase hindurch.

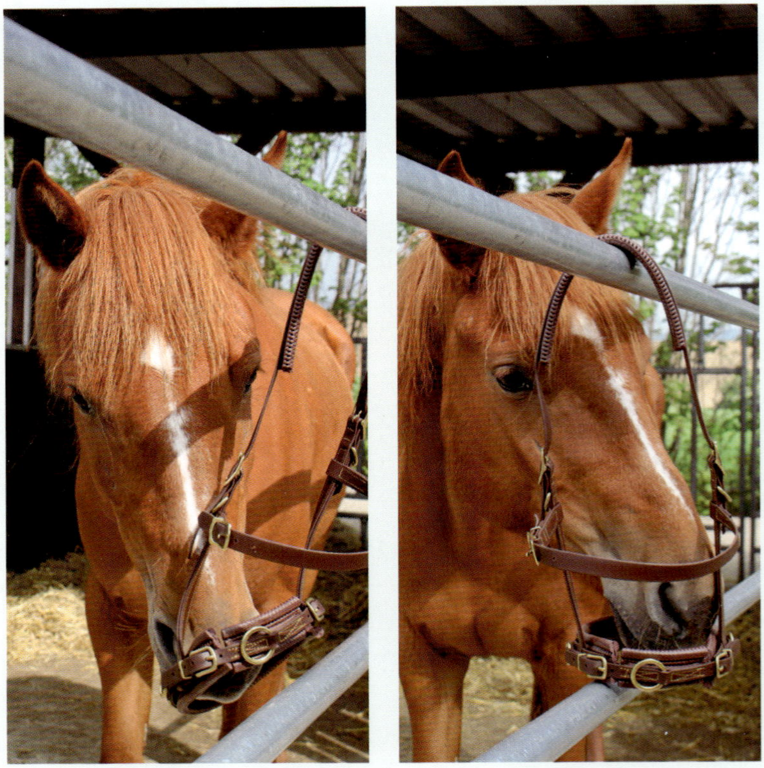

DER ERSTE MONAT

1 2 3 4 5 6 7
8 9 10 11 12 13 14
15 16 17 18 19 20 21
22 23 24 25 26 27 28
29 30 31

DER ZWEITE MONAT

1 2 3 4
5 6 7 8 9 10 11
12 13 14 15 16 17 18
19 20 21 22 23 24 25
26 27 28 29 30

DER DRITTE MONAT

1 2
3 4 5 6 7 8 9
10 11 12 13 14 15 16
17 18 19 20 21 22 23
24 25 26 27 28 29 30
31

DER SECHSTE TAG
DAS ERSTE ABHALFTERN

Nachdem Mona ihr Halfter nun fast die ganze Woche getragen hat, ist es heute soweit: Sie lässt sich mittlerweile immer besser am Kopf anfassen, und die Versorgung der Wunde am Unterkiefer funktioniert gut. Ich habe ein neues Kopfstück für sie, das sowohl als Halfter als auch für die Kappzaum-Arbeit und später das Reiten genutzt werden soll. Das Kopfstück ist aus weicher Biotane und an den empfindlichen Stellen wie Kiefer, Nase und Genick noch zusätzlich gepolstert. Ein großer Vorteil ist, dass man das Kopfstück auch mit einer Schnalle an der Seite über dem Genick schließen kann, ohne es beim An- und Ausziehen jedes Mal dem Pferd über die Ohren ziehen zu müssen. Bewegungen nahe am Kopf wirken auf Mona nach wie vor bedrohlich.

Zuerst hänge ich das Kopfstück in ihren Paddock, denn ich möchte sie nicht mit dem neuen Gegenstand überfallen, da ich nicht weiß, wie sie darauf reagieren wird. Wieder einmal siegt die Neugier: Mona untersucht das neue Objekt und steckt tatsächlich von sich aus schon die Nase durch den Riemen des Halfters. Dieses neue Ding selbst zu erforschen, ohne dass man sie dazu nötigt, gibt der Stute Sicherheit.

DAS GEFÜHL VON SELBSTWIRKSAMKEIT

Auch wenn wir nicht genau sagen können, wie Pferde empfinden, können wir ihnen sicherlich zusprechen, dass sie eine Form von Selbstwirksamkeit wahrnehmen können. Dies bedeutet, dass sie durch ihr eigenes Verhalten die Umwelt beeinflussen können. Aktiv an der Interaktion mit der Umwelt, neuen Objekten oder dem Menschen beteiligt zu sein, stimuliert das Problemlöseverhalten und fördert die Motivation, sich mit Neuem zu beschäftigen. Ich bin der Meinung, dass wir dieses Verhalten beim Pferd in der Ausbildung bewusst fördern sollten. An uns Menschen liegt es dann natürlich, die Aktivität des Pferdes in diese Richtung zu lenken, die für uns und das Pferd im Training Sinn macht. Beispielsweise das Pferd bei der Gewöhnung an ein neues Halfter zu belohnen, sobald es sich diesem Gegenstand nähert oder wenn es sogar von selbst darauf kommt, seine Nase in Richtung der Halfteröffnung zu strecken.

Ich nehme das Kopfstück in die Hand und streiche Mona damit den Hals ab. Anschließend darf sie sich dem Ding selbst annähern. Sobald sich die Nase etwas in der Schlaufe befindet, nehme ich das Kopfstück wieder langsam von ihr weg. Auch hier möchte ich sie nicht überfallen, sondern ihr zeigen, dass die Entscheidung, damit umzugehen, richtig ist. Sie muss verstehen, dass sie immer einen Ausweg hat und nicht darin gefangen sein wird, wenn sie mitmacht. So wird sie immer neugieriger. Die Nase hineinzustecken bleibt zunächst auch ihre eigene Entscheidung.

ÜBERLISTEN ZERSTÖRT VERTRAUEN

Viel zu häufig nutzt der Mensch einen Moment zu schnell aus – sei es beim Verladen, dem ersten Satteln oder eben beim ersten Anlegen des Halfters beim Fohlen. Das Pferd verliert damit schnell das Vertrauen in die Handlung des Menschen. Überlistet zu werden zeigt dem Pferd in diesem Falle nur, dass das Mitmachen, die Neugier oder das Hören auf den Menschen sogar bestraft wird. Das Gefühl der Selbstwirksamkeit wird dem Pferd genommen.

Nachdem Mona für ein paar Sekunden die Berührung des Halfters an ihrem Kopf duldet, greife ich unter ihrem Kopf hindurch und hebe meine Hand mit dem Ende des Genickriemens. Meine Hand an ihrem Kopf quittiert sie noch mit Skepsis, aber akzeptiert sie. Ich möchte sie nicht überfallen und senke die Hand wieder. Ich wiederhole diese Bewegung, bis Mona sie nicht mehr als bedrohlich empfindet. Erst in diesem

Moment lege ich langsam den Genickriemen hinter den Ohren entlang über ihr Genick. Als ich die Schnalle auf meiner Seite des Kopfes ruhig schließen kann, lobe ich sie mit der Stimme. Danach befreie ich sie wieder von ihrem Zaum und sie darf endlich ohne Halfter in der Box stehen!

IHR EIGENER BEREICH – DIE BOX

Das erste Annähern in der Box betrachtet die Mustangstute immer noch skeptisch, verändert bei meiner Annäherung ihre Mimik und legt die Ohren an. Ich verstehe, dass sie die Box als ihren Bereich empfindet. Von unseren Hauspferden kennen wird diese Verteidigung der Box meist nur im Zusammenhang mit der Futtergabe. Oft ist dann die Futtergabe eines der wenigen Highlights des sonst eher eintönigen Alltags oder aber es handelt sich um eine erlernte Aggression gegenüber Artgenossen oder dem Menschen. Erlernt aus dem Grund, dass dieses vielleicht zunächst zufällig aufgetretene Verhalten mit der anschließenden Futtergabe belohnt wird.

Bei der Mustangstute ist es sehr interessant zu beobachten, dass sie schneller mit Abwehrverhalten reagiert, wenn ihr Bereich eingeschränkt ist. Bei der Annäherung in der Box, aber auch beim ersten Führen zur Anbindewand ist ihr Fluchtweg begrenzt. Je freier ich mit ihr hingegen arbeite, umso eher duldet sie meine Annäherungen (siehe Seite 23). Dies zeigt mir wiederum, dass die Herangehensweise, die ich auch sonst mit jungen Pferden bevorzuge, neue Dinge eher im Roundpen oder in der Halle zu zeigen, richtig ist.

WARUM ENGE FÜR EIN PFERD BEDROHUNG BEDEUTET

Wie das Pferd auf Unbekanntes reagiert, scheint eindeutig mit der Möglichkeit zur Flucht verknüpft zu sein. Wird das Pferd von vorneherein begrenzt, sich einer neuen Situation durch Flucht entziehen zu können, wird es von Beginn an eher die Abwehr wählen. Dies zeigt die Mustangstute sehr deutlich in ihrem Verhalten und wir sollten es ebenso bei unseren Hauspferden beachten. Abwehrreaktionen spielen keine so starke Rolle mehr in ihrem Verhaltens-Repertoire, aber das bloße »Über-sich-ergehen-Lassen« könnte ebenso negative Konsequenzen für die Psyche haben. Dem Pferd das Gefühl der Hilflosigkeit zu vermitteln oder die Unmöglichkeit seiner Flucht, scheint keinesfalls der richtige Weg zu sein. Wir könnten sonst schnell eine »erlernte Hilflosigkeit« ausnutzen und damit die Motivation, mit uns positiv zu interagieren, sofort im Keim ersticken.

Ich möchte Mona mit dem Aufhalftern nicht überlisten. Die Stute soll jeden einzelnen Schritt mitbekommen. Man sieht zwar, dass sie sich noch nicht entspannen kann, sie nimmt es aber ruhig hin.

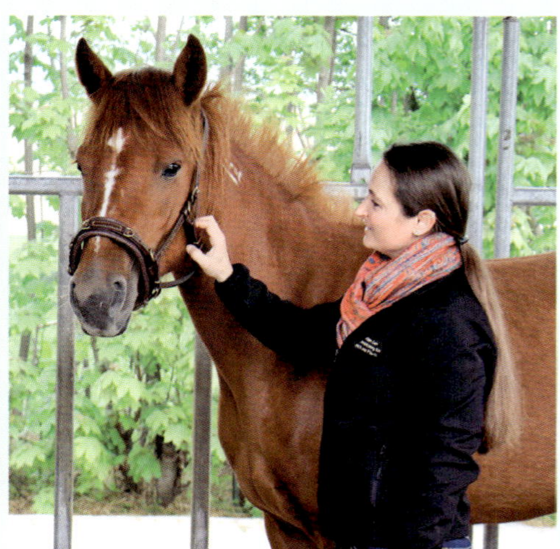

Bevor ich heute mit Mona in den Roundpen gehe, lasse ich sie für kurze Zeit in unserem Anbinde-Bereich stehen. Dies habe ich bereits in den letzten Tagen immer mal wieder gemacht. Ich möchte sie nach und nach an das Geputzt-Werden gewöhnen, bis es für sie zur Routine wird. Ich binde Mona noch nicht an, führe aber den Strick durch den Anbindering und streiche sie etwas mit der Hand an Hals und Rücken ab. Sie soll sehen, dass der Führstrick in Richtung Wand geht, sie aber dadurch in ihrer Bewegungsfreiheit nicht eingeschränkt wird. Nach kurzer Zeit verlasse ich diesen Bereich wieder mit ihr. Ich spüre, dass die Begrenzung nach vorne ihr das Gefühl gibt, eingeengt zu sein. Diesem Gefühl möchte ich sie nicht zu lange aussetzen. Wir gehen weiter in Richtung Roundpen. Bevor wir mit dem Training starten, lasse ich sie etwas Gras fressen, was sie dankbar annimmt.

Ich gehe im Roundpen immer nach einem ähnlichen Muster vor. Erst darf sie frei im Schritt um mich herumgehen, dann auch im Trab und im Galopp. Vorwärtsgehen ist nach wie vor nicht das, was sie am liebsten macht. Zu mir reinkommen und Pause machen, das klappt sehr gut! Anschließend lasse ich Mona ein paar Mal mit der Vor- und Hinterhand weichen. Immer einem ähnlichen Ablauf folgen zu können, bevor Neues auf dem Plan steht, gibt ihr Stabilität und Sicherheit.

Heute will ich mich weiter an die Hinterhand und an das Geben der Hinterbeine herantasten. Ich habe ziemlichen Respekt vor ihrer Hinterhand. In diesen ersten Tagen mit Mona ist mir aufgefallen, dass besonders Dinge, die sie von hinten wahrnimmt, zu plötzlichen Schreckreaktionen führen. Wenn Sie sich erschreckt, zuckt sie stark zusammen und springt weg. Es ist weniger ein Flüchten, wie ich es sonst von Jungpferden kenne. Diese kann man durch ihr kurzes Davonrennen besser einschätzen als die Mustangstute.

Durch ihre plötzlichen und heftigen Reaktionen, muss ich bei ihr vorsichtiger beim Hinterhand-Training vorgehen, als bei einem anderen Pferd. Ich streiche an ihrer Hinterhand entlang Richtung Bein und merke, wie ihre Ohren nach hinten gehen und sie ihre Aufmerksamkeit auf jede meiner Bewegungen richtet. Ich versuche aufrecht zu bleiben, um nicht zu nah mit meinem Kopf und meinem Oberkörper in den »Schlagbereich« der Hinterhand zu gelangen.

Als ich das erste Mal an ihr Sprunggelenk komme, folgt eine plötzliche Abwehrreaktion in Form eines Kicks! In einem kurzen schnellen Bogen zur Seite und nach hinten. Meine Vorsicht war berechtigt. Mona steht nach dem Kick sofort wieder ruhig da. Der kurze heftige Moment ist vorbei – wie ein kurzer Reflex. Ich streiche das Bein in gleichmäßigen Bewegungen von oben nach unten Zentimeter für Zentimeter ab. Kurz vor dem Sprunggelenk lobe ich Mona und trete einen Schritt zurück. Ich gebe ihr eine kleine Futterbelohnung, die nach ihrem Geschmack ist. Sie ist nach der Futtergabe sehr aufmerksam und begreift sehr schnell, dass wohl das Stillhalten das ist, was die Belohnung bringt. Ich schaffe es tatsächlich, ihr Bein nach ein paar Wiederholungen bis zur Hinterröhre abzustreichen – puh!

Das gleiche Spiel beginnt auf der anderen Seite. Ihre Aufmerksamkeit ist voll und ganz bei mir und sie lässt mich keine Sekunde aus den Augen. Als ich es auf der anderen Seite auch schaffe, lass ich sie wieder etwas vorwärtslaufen, um die Spannung zu lösen.

Darauf folgt die Entspannungsübung, die ich die letzten Tage immer wieder mit ihr für ein paar Momente wiederholt habe. Vom anfänglichen Kopfschütteln ist nichts mehr zu sehen. Mona hat unglaublich schnell verstanden, wann sich der Druck löst: wenn sie den Kopf senkt.

DIE ERSTE GURT-ÜBUNG

Um ein Pferd an die ersten, den Rumpf umschließenden Berührungen zu gewöhnen, nutze ich einen weichen Bodenarbeitsstrick. Diesen lege ich dem Pferd vorsichtig um den Rumpf, dass ich ihn bei Bedarf sofort wieder lösen kann. Wie bereits beschrieben, möchte ich das Pferd nicht mit etwas überfallen und es zwingen, einen unangenehmen Druck auszuhalten. Durch diesen Vertrauensbruch würde es bei der weiteren Zusammenarbeit nur Probleme geben.

Bei der ersten Gurtübung ist es wichtig, dass sich das Pferd seitlich am Bauch und darunter sowie zwischen und hinter den Vorderbeinen ruhig anfassen lässt. Wenn dabei zu hektisch oder zu schnell vorgegangen wird und das Pferd eine negative Erfahrung abspeichert, kann das der Auslöser für späteren Gurt- oder Sattelzwang sein!

Ich lege der Mustangstute den Strick zunächst locker über den Rücken. Als Vorübung schwinge ich das Seil mit einer Hand seitlich leicht gegen ihren Bauch. Mit der anderen Hand motiviere ich die Stute über leichte Impulse am Leitseil dazu, den Kopf zu senken. Ich höre mit dem Schwingen des Seiles sofort auf, sobald sie das Kopfsenken annimmt.

Die tiefe Kopfhaltung fördert die Entspannung der Körpermuskulatur und die mentale Entspannung des Pferdes. An Monas Mimik erkennt man eine entspannte Maul- und Augenpartie. Konditioniert man diese Haltung, fördert man nicht nur die Entspannung, sondern das Pferd kann dadurch ein »Mitspracherecht« erwirken.

Diese Konditionierung bewirkt, dass Mona motiviert ist bei neuen, etwas »ärgernden« Reizen – wie dem leichten Schlackern des Strickes – aktiv mitzumachen, indem sie den Kopf senkt. Ich wiederhole diese Vorübung mit ihr ein paar Mal – tatsächlich muss ich ihr dann schon nicht mehr dabei über Impulse helfen, den Kopf zu senken, sondern sie senkt ihn von selbst! Das ist ein toller Moment, denn ich merke, dass sie in der direkten Kommunikation mit mir ist. Genau diese Interaktion möchte ich, dann empfinde ich es so, als würden wir miteinander sprechen!

DAS STOPP-SIGNAL

Bringt man einem Pferd das Kopfsenken auf einen zunächst unangenehmen Reiz bei, der sich dann löst (nach Definition: eine negative Verstärkung), kann das Kopfsenken zum Indikator (Anzeiger) für etwas Unangenehmes werden. Das Pferd erhält dabei ein »Mitspracherecht« in neuen, unbekannten und eventuell zunächst unangenehmen Situationen – wie beispielsweise beim ersten Angurten. Die oben beschriebene Selbstwirksamkeit wird dabei gestärkt und das Pferd wird motiviert, einen eigenen Lösungsansatz in die Situation mit einzubringen. Da durch das Kopfsenken zudem eine entspannte Haltung ausgelöst wird, kann man den Reiz nach und nach steigern und das Pferd wird ihn immer mehr akzeptieren.

Jetzt ist es soweit und ich führe den Strick von der einen zur anderen Bauchseite vorsichtig unter dem Bauch rüber. Dieses erste »Umschließen mit einem Strick« muss sich für ein Pferd merkwürdig anfühlen. In der Natur würde das Gefahr, ja vielleicht sogar den Tod bedeuten. Umso wichtiger ist die gelungene Vorarbeit, damit das Pferd mit dieser prekären Situation umzugehen weiß.

Ich nehme je ein Strickende in eine Hand und baue in leichten Impulsen zaghaften Druck auf. Einen neuen Reiz in Impulsen zu setzen hat den Vorteil, dass eine schnelle Gewöhnung eintritt, da der Druck monoton ansteigt und wieder nachlässt. Ich kann die Stärke des Drucks kontinuierlich etwas erhöhen und nach etwa einer Sekunde wieder nachlassen. Bei diesem Vorgehen wird das Pferd weder körperlich noch psychisch in eine Schraubzwinge gesteckt. Das Pferd soll erfahren, dass der Druck immer wieder nachlässt. Unterbewusst kommt es hier zur »Gewöhnung«, auch »Habituation« genannt. Der Organismus lernt, den Reiz mehr und mehr auszublenden, da dieser keine Relevanz (Bedeutung) für ihn hat. Das ist genau die Reaktion, die wir vom Pferd auf diese Art von Druck bekommen möchten: weder eine Abwehrreaktion auf der körperlichen Ebene, noch eine Stressreaktion auf der mentalen Ebene. Wir wollen – um später den Sattelgurt stabil befestigen zu können –, dass diese Umklammerung des Körpers nicht mehr als etwas Gefährliches oder Unangenehmes empfunden, sondern akzeptiert wird.

Mona ist in ihrer Körpersprache sehr klar und zeigt überaus deutlich, was ihr angenehm ist und was nicht. Wird sie es zeigen, dass ihr das Umschließen des Rumpfes unangenehm ist? Siehe da, die Vorarbeit macht sich bezahlt: Sie kommuniziert deutlich, denn nach ein paar vorsichtigen Impulsen senkt sie den Kopf und ich löse den Strick sofort. Das Stopp-Signal funktioniert. Ich weiß nun, dass es ihr erst einmal nicht besonders recht ist, wenn um ihren Bauch Druck aufgebaut wird, aber ich lasse sie mit mir kooperieren und zunächst mitentscheiden. Das Kopfsenken bewirkt hier außerdem, dass Mona ihren Rücken und auch ihre Bauchmuskulatur entspannt, weiteratmet und gar nicht erst in eine Abwehrhaltung kommt – wenn auch in diesem Falle in eine starre Abwehr. Dies kennt man häufig von Pferden, denen das Gurten oder das spätere Satteln nicht in Ruhe gezeigt wurde. Diese Pferde hören auf zu atmen und spannen den gesamten Körper beim Angurten an.

Die gesenkte Kopfhaltung trägt positiv zu der entspannten Grundhaltung – körperlich wie auch psychisch – bei. So kann ich bei Mona nach und nach und ganz selbstverständlich den Druck pro Impuls etwas intensivieren. Kommt ihre Antwort, lasse ich sofort nach. Jetzt mag man denken: »Aber dann kommt man ja nie zum Festgurten, wenn man immer wieder nachlässt!« Dem ist nicht so, denn die Akzeptanz wird immer höher und die Reizschwelle, bei der Mona den Kopf absenkt, steigt ebenso. Das ist der unterbewussten Gewöhnung geschuldet, die dabei stattfindet. Ich verlängere das Halten des Drucks jeweils um Bruchteile von Sekunden, so dass ich innerhalb von etwa einer halben Minute tatsächlich schon den Strick recht fest für einige Sekunden um sie schließen kann. Der Kopf bleibt nun bereits komplett in der tiefen Position. Anspannung kommt aus diesem Grund erst gar nicht in dieser Situation auf und die Gurtübung kann somit nach wenigen Minuten beendet werden.

DER SIEBTE TAG
NICHT SELBSTVERSTÄNDLICH: EINEN RAUM BETRETEN

Nun ist eine Woche mit meiner Mustangstute vorbei. Mit Erstaunen stelle ich fest, was sie schon alles bereit ist, mit mir zu machen. Ich brauchte sie mit nichts zu überfallen. Dank ihrer unglaublich schnellen Auffassungsgabe, dauern manche Schritte überhaupt nicht lange und ich sehe schon tolle Fortschritte in dieser kurzen Zeit.

Auf der anderen Seite merke ich recht deutlich, was ihr zu schaffen macht. Dies sind Dinge, die wir mit unseren Hauspferden als selbstverständlich ansehen. Wir »hantieren« an unseren Pferden herum, während sie in ihrem Rückzugsbereich – der Box – stehen. Wir ziehen ihnen ein Halfter über den Kopf, egal ob sie gerade fressen, dösen oder etwas anderes im Sinn haben, und arbeiten mit ihnen zu der Tageszeit, an der wir im Stall sind. Wir führen sie in begrenzte, dunkle Gänge, in denen kaum Fluchtmöglichkeit besteht und binden sie dort auch noch an Wänden an, sodass ihr Blick in die Weite fast komplett verloren ist.

Monas Paddockbox befindet sich im Außenbereich. Für das erste Hineinführen in unsere Stallgasse nehme ich mir in Ruhe Zeit. Das Betreten eines Raumes – vier Wände, die nur meterweise die Sicht ermöglichen – fällt ihr anfangs alles andere als leicht. Unsere Stallgasse liegt etwas höher als der Außenbereich und wird über eine leicht ansteigende Betonrampe betreten. Im Stall ist es auch tagsüber etwas dunkler als draußen. Ich führe Mona in Richtung des großen Einganges. Ich gehe etwas vor dem Pferd und mache den ersten Schritt in den Stall. Mona ist direkt hinter mir, aber beim ersten Huf auf der Stallgasse bleibt sie stehen. Sie blickt in den Raum hinein, bewegt sich aber nicht. Diesen unübersichtlichen Raum ohne triftigen Grund zu betreten, hält sie für sinnlos. In der Stallgasse befinden sich

Den Überblick zu behalten stellt für das Pferd einen wichtigen Schutzfaktor dar. Ist es in seiner Bewegung nicht eingeschränkt, hat es immer die Möglichkeit zu fliehen.

andere Pferde, diese nimmt sie auch wahr, aber sie sind dennoch kein Grund für sie, ins Gebäude hineinzugehen. Mona hängt sich etwas ins Halfter und drückt sich rückwärts von mir weg. Ich halte in Ruhe dagegen. Sie kennt das Prinzip schon von unserer Arbeit im Roundpen – ich werde auf ihren Druck nach hinten nicht nachgeben. Ein paar wenige Sekunden später löst sie den Druck in meine Richtung. Ich atme selbst noch einmal in Ruhe ein und aus und bleibe einfach ein paar Schritte vor ihr auf der Rampe stehen. Ich rede entspannt mit ihr. Nach einer kurzen Weile fange ich an, leichte Impulse auf das Halfter zu geben. Tatsächlich fasst sie Mut, läuft die Rampe hoch und steht auf unserem Putzplatz. Für uns ist dieser Bereich nicht eng, drei Pferde können nebeneinander bequem stehen. Wieder einmal wird mir klar, dass unsere Sichtweise der Dinge und die der Pferde häufig stark voneinander abweichen!

Als Mona hinter mir herkommt, sehe ich ihren skeptischen Gang. Sie wirkt, als würde sie das erste Mal über einen unbekannten Untergrund laufen. Ich merke, wie unangenehm diese Situation für sie ist. Es ist genug Platz, das Pferd in Ruhe auf dem Putzplatz umzudrehen. Mona bekommt eine Futterbelohnung und ich führe sie direkt wieder aus dem Stall hinaus. Ihre Erleichterung ist deutlich zu spüren!

GEBÄUDE NEHMEN DEM PFERD DIE NATÜRLICHE ÜBERSICHT

Für uns bedeuten Gebäude, Räume und Wände um uns herum Schutz. Auch andere Tierarten sehen Höhlen und enge Gänge als ihr Zuhause an, wie auch wir in grauer Vorzeit in Höhlen unseren Rückzugsort gefunden haben. Das Pferd ist für die offene Steppe gemacht, Schutz bietet ihm die Übersicht über den freien Raum. Das Pferd ist darauf angewiesen, Gefahren, die in der Ferne lauern, zu entdecken, um rechtzeitig fliehen zu können oder sich durch einen gezielten Tritt zu wehren.

Es entspricht nicht der Natur des Pferdes, wenn wir ihnen durch das Verbringen in Räume die Übersicht nehmen. Im Gegenteil: Pferde verlieren dadurch die Möglichkeit, ein Gebiet zu überblicken und zu fliehen.

Eine erstaunliche Beziehung, die sich nach so kurzer Zeit entwickelt hat.

WOCHE 2

Um die Mustangstute auf ihr neues Leben vorzubereiten, mache ich mich in Woche zwei weiter ans Werk in Sachen »Pferdealltag«. Irgendwann werden hoffentlich Anbinden, Putzen und eventuell Reiten für sie normal sein.

Nach nur einer Woche mit dem Pferd merke ich, wie ich immer häufiger über meine Einstellung, meinen Umgang mit Pferden, meine eigenen Handlungen und die Sicht auf die Welt der Pferde nachdenke und manche Gegebenheiten anders betrachte.

Mir wird immer bewusster, dass Dinge, die ich bislang als gegeben und selbstverständlich angesehen habe, aus Sicht der Pferde anders gesehen werden müssen. Dies zeigt sich so deutlich in der natürlichen Einstellung, die die Mustangstute mit sich bringt.

So werden neue »erste« Begegnungen zu etwas ganz Besonderem und ich bin dankbar, dass dieses Pferd auch dies akzeptiert und mir vertraut. Auf der anderen Seite werden Dinge von ihr auch ganz selbstverständlich akzeptiert und angenommen. Sie hat mich zum Beispiel schon in den ersten Tagen als eine Art Ersatz-Artgenossen oder besser als Leitfigur und Bezugsperson angesehen. Deutlich wird das im Roundpen: Wenn wir arbeiten, konzentriert sie sich nur auf mich. Auch wenn die Herde im Laufstall neben uns zu toben beginnt, sieht Mona nur mich.

KONZENTRATIONSFÄHIGKEIT

Die Wissenschaft ist bislang zu keinem Ergebnis gekommen, wie viele Minuten sich ein Pferd konzentrieren kann. Fest steht, dass es wohl nicht in der Lage ist, sich 30 oder gar 60 Minuten am

Stück zu konzentrieren. Für ein Pferd ist es lebensnotwendig, seine Aufmerksamkeit schnell auf eine mögliche Gefahr richten zu können. Umso wichtiger ist es in der Kommunikation mit uns Menschen, dass wir die Konzentration auf uns minutenweise trainieren und verbessern. Damit verändert sich der Fokus von bedrohlichen Außenreizen auf unsere Signale, die im besten Falle das Pferd motivieren, immer mehr auf uns zu achten.

DER ANBINDE-BEREICH

Schwierig ist immer noch die Außenwand, an der die Pferde bei mir beim Putzen angebunden werden. Sie liegt im Freien, der Bereich ist überdacht.

Hier fühlt sich Mona eingeschränkt. Alle Berührungen werden von ihr an diesem Ort anderes beantwortet als im Roundpen, wenn wir frei miteinander agieren. Ich binde sie hier natürlich noch nicht fest, sondern ziehe das lange Leitseil nur durch den Ring. Immer wieder gebe ich ihr dabei Impulse, dass sie auch hier merkt: Sobald sie dem Druck nach vorne weicht, hört dieser sofort auf. Auf diese Weise möchte ich vorbeugen, dass sie den Druck aufs Genick irgendwann zufällig auslöst und dann nicht weiß, wie sie mit ihm umgehen soll.

Auf uns wirkt der Außenputzplatz offen und übersichtlich, für die Munstangstute stellt er eine Einschränkung ihres Fluchtbereiches dar. Dass wir ein Fluchttier an einer Wand anbinden, darf nicht als selbstverständlich gesehen werden, auch wenn es das irgendwann ist.

ANGEBUNDEN SEIN

Wir müssen verstehen dass das Zugehen auf die Wand, wenn ein Druck auf das empfindliche Genick über das Halfter ausgelöst wird, erst einmal unlogisch für das Pferd ist. Die logische Flucht bei unübersichtlichen und gefährlichen Situationen wäre immer in den freien Raum hinein. Diese Möglichkeit nehmen wir dem Pferd beim Anbinden an einer Wand. Aus diesem Grund ist hier große Vorsicht und Ruhe geboten, ihnen dies Schritt für Schritt zu zeigen!

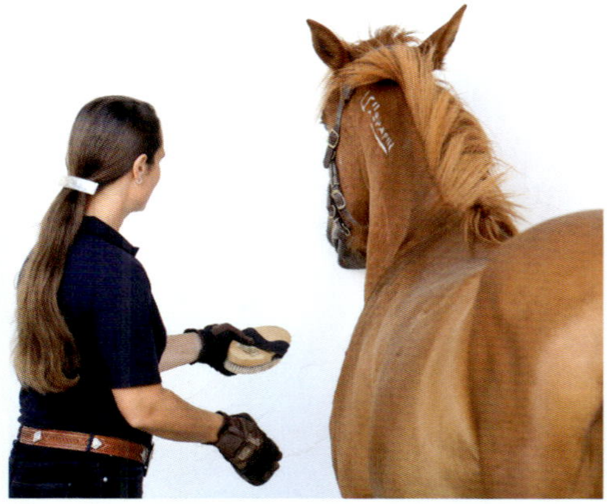

DIE ERSTE BÜRSTE BERÜHRT DEN MUSTANG

Heute möchte ich Mona mit einer Putzbürste vertraut machen. Fellpflege bedeutete bislang für Mona das Wälzen auf Sandboden oder der Kontakt zu den Artgenossen. Als künftiges Reitpferd wird das Putzen zu ihrem täglichen Programm gehören.

Ich lasse sie erst einmal an der Kardätsche riechen, sie erkundet das Material durch leichtes Beknabbern. Der Geruch scheint sehr interessant – die Bürste riecht ja nach einem anderen Pferd. Dann berühre ich mit der Bürste das erste Mal das Mustangfell, für mich ein besonderer Moment. Es fühlt sich an, als würde ich sie nun offiziell in meine Obhut nehmen. Futter, Pflege, Schutz – das sind die Verantwortungsbereiche, die jeder Pferdehalter neben dem Reiten abdecken muss.

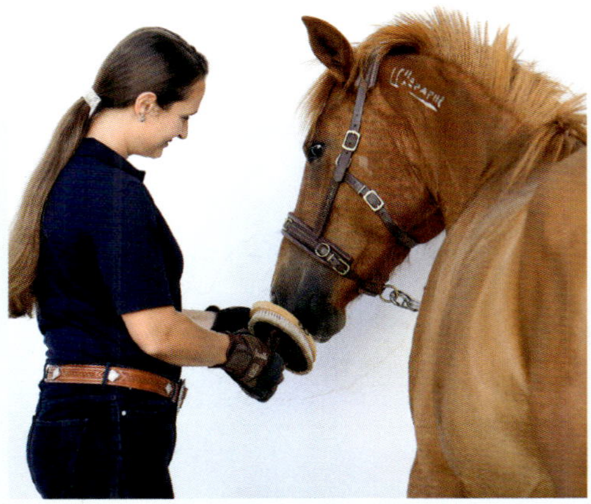

DIE HERAUSFORDERUNG: HINTERHUFE GEBEN!

In dieser Woche möchte ich Mona weiter an das Hufegeben gewöhnen. Der Termin mit dem Hufschmied sollte nicht mehr allzu lange rausgezögert werden. Monas Hufe scheinen stabil und hart und sind von der Stellung gut. Vorne scheint mir die Bearbeitung in nächster Zeit sehr wichtig.

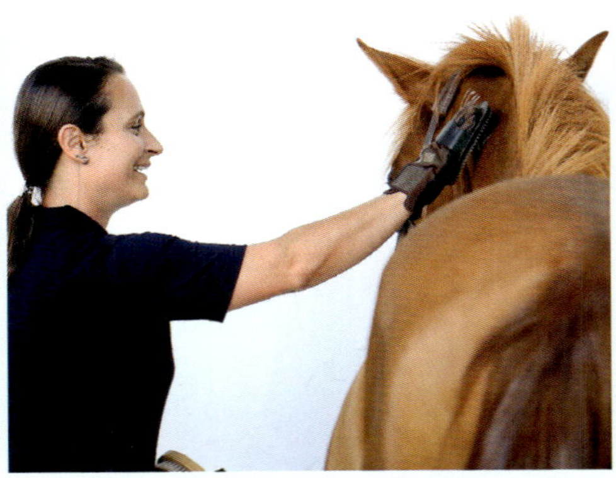

Die erste Berührung mit einer Bürste! Mona darf den neuen Gegenstand erst einmal beschnuppern. Nach anfänglicher Skepsis lässt die Stute schließlich die Berührung zu.

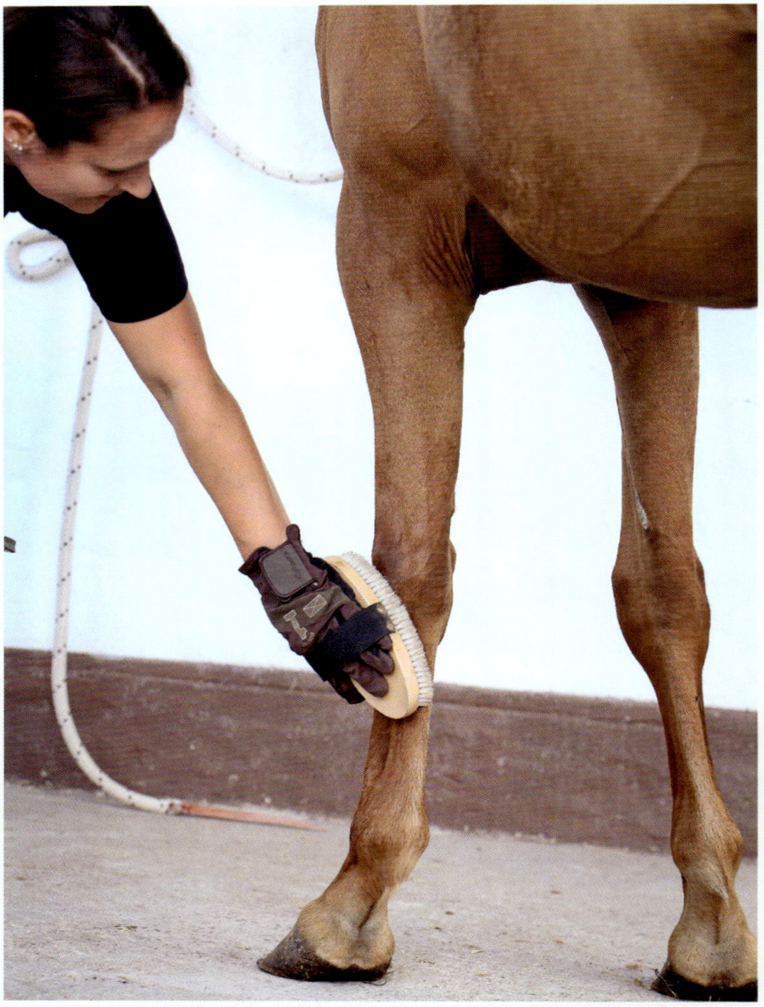

DER ERSTE MONAT

1 2 3 4 5 6 **7**
8 9 10 11 12 13 **14**
15 16 17 18 19 20 **21**
22 23 24 25 26 27 **28**
29 30 31

DER ZWEITE MONAT

1 2 3 **4**
5 6 7 8 9 10 **11**
12 13 14 15 16 17 **18**
19 20 21 22 23 24 **25**
26 27 28 29 30

DER DRITTE MONAT

1 **2**
3 4 5 6 7 8 **9**
10 11 12 13 14 15 **16**
17 18 19 20 21 22 **23**
24 25 26 27 28 29 **30**
31

Ich gehe täglich nach einem ähnlichen Ablauf vor. Inzwischen nähert sich die Stute neugierig, wenn ich zu ihr an die Paddockbox komme und lässt sich lieb aufhalftern. Mit meinen Bewegungen an ihrem Kopf muss ich noch etwas vorsichtig sein. Ich nähere mich ihr ganz bewusst in einer passiven Körperhaltung – etwas von ihr weggedreht. Ich lasse sie immer von sich aus ein Stück auf mich zukommen, bevor ich ihr das Halfter anlege. Anschließend führe ich sie zum Außenputzplatz und lasse sie am Anbinder stehen. Das Seil ist nur locker durch den Ring gezogen. Die Bürste akzeptiert sie gut. An manchen Stellen scheint sie die Bürstenstriche bereits als angenehm zu empfinden. Wenn ich sie an der Halsunterseite kraule, streckt sie genüsslich den Kopf nach oben. Ich kann nun auch mehr und mehr ihre Beine mit der weichen Bürste abstreichen und auch an der Hinterhand kann ich die Beine bis zu den Hufen berühren.

Ihre Reaktionen an der Hinterhand fallen nach wie vor plötzlich und durchaus heftig aus. Ich entschließe mich, das Anheben der Hinterbeine nicht weiter am Anbinder zu üben, sondern in ihrer »Wohlfühlumgebung« – dem Roundpen.

Ich streiche ihre Hinterhand mit einer weichen Longe ab und lasse sie leicht gegen die Beine schwingen. Mona findet dies nicht weiter schlimm und ich kann sie in entspannter aufrechter Haltung an die wiederkehrende Berührung gewöhnen. Ich komme auf diese Weise gar nicht mit meinem Kopf in die Nähe ihrer blitzschnellen Hinterhand. Die Stute steht ganz still dabei und merkt, dass kein Druck oder direktes Festhalten damit verbunden ist. Ich schwinge die Longe so, dass sich eine offene Schlaufe um ein Hinterbein legt. Ich halte das Stück nun mit beiden Händen fest und berühre Monas Fessel ganz leicht damit. Sie findet das komisch und weicht ein paar schnelle Schritte nach hinten aus. Das Gute an dieser Methode ist, dass die Berührung, die sie erstmal loswerden will, bestehen bleibt, und das Seil sich – da es eine offene Schlaufe ist – sofort lockert, sobald sie stehen bleibt. Sollte Mona wirklich die Flucht antreten wollen oder in Panik geraten, löst sich das Seil komplett und sie kann nirgends hängen bleiben. Der kurze Moment rückwärts ist eine Sekunde später schon wieder vorbei und ich kann erneut anfangen, mit der Longe etwas Spannung aufzubauen und direkt wieder locker zu lassen. Nach ein paar Wiederholungen kann ich schon deutlich mehr Spannung aufbauen. Mein Ziel ist, dass sie den Huf leicht anhebt und sich damit in die Schlaufe stützt, als wäre sie meine Hand. Sie soll ja später meine Hand nicht abwehren, sondern vertrauensvoll den Huf geben.

Das Aufheben der Vorderhufe funktioniert immer besser, bei den Hinterhufen ist es noch kritisch. Im Roundpen fühlt sich die Mustangstute nicht so eingeengt, wie am Anbinder.

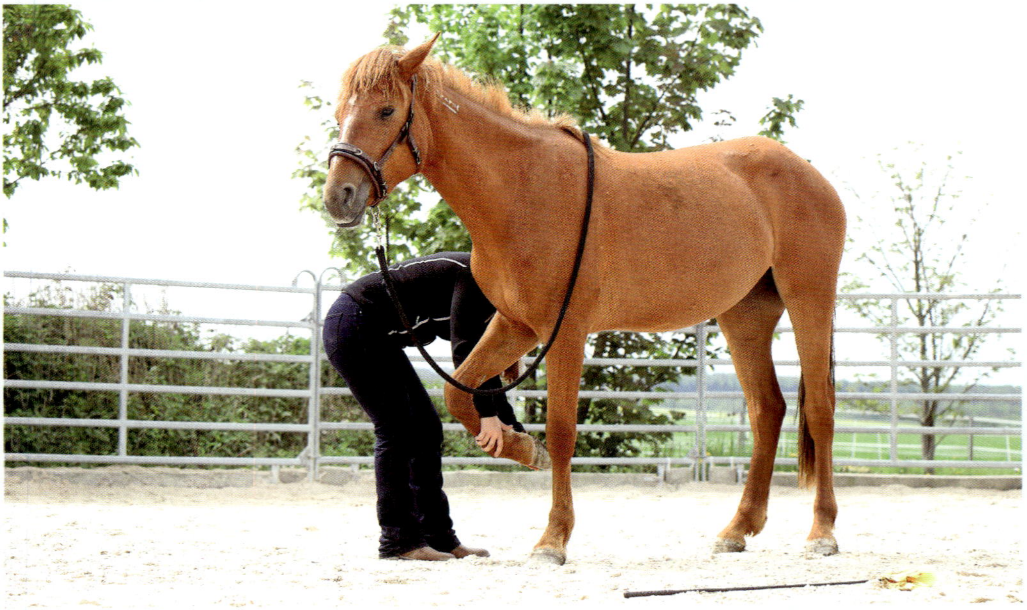

Mona steht jetzt ganz ruhig und akzeptiert die Berührung der Longe vom Huf bis zum Sprunggelenk.
Nun kommt ein kritischer Moment, denn ich möchte, dass sie ihren Huf von der Erde löst, ohne direkt auszuschlagen. Ich stehe außerhalb des Schlagbereiches neben ihrer Schulter und gebe etwas intensivere Impulse auf die Schlaufe an der Fessel. Die Impulse mit der Longe werden begleitet von meinem Stimmkommando: »Huf«. Die Herausforderung für Mona ist nun, zu verstehen, was ich möchte. Ich intensiviere für einen Moment die Impulse und kurz löst sich der Huf vom Boden. Ich gebe sofort nach und belohne über Futter. Mona macht aktiv mit, wenn sie eine Futterbelohnung erwartet. Diese wichtige Sache möchte ich direkt positiv verknüpfen. Ich wiederhole meine Strategie: Impulse am Seil und Stimmkommando – prompt kommt es wieder zum leichten Anheben des Hufes. Ich bin erleichtert, diesen ersten Schritt geschafft zu haben.

Auch in den nächsten Tagen gehört diese Übung zu unserem Grundprogramm und ich schaffe es von mal zumal mehr, dass sie sich in das Seil stützt, wenn sie das Bein anhebt. Ich variiere die Übung etwas. Ich möchte zwischendurch, dass Mona den Huf auf der Erde stehen lässt, wenn ich mit meiner Hand das Bein abstreiche. Dabei lobe ich sie beruhigend. Ein anderes Mal gebe ich das Kommando »Huf«. Sie soll sich sicher sein, was ich von ihr möchte und was sofort belohnt wird.

Im nächsten Schritt stehe ich selbst auf Höhe der Hinterhand. Ich greife ihr Bein noch nicht an der Fessel, denn dies könnte wieder eine massive Abwehrreaktion bei ihr auslösen. Ich lege ihr Bein in der Longe an meins. So baue ich nach und nach immer mehr direkte Berührung auf. Schritt für Schritt gelingt es mir, dass sie ihr Bein auf meinem Oberschenkel ablegt!

DAS TÄGLICHE AUSMISTEN – EINE BEDROHUNG?

Wir handhaben es beim Ausmisten unserer Paddockboxen so, dass wir die Pferde auf den Paddock-Bereich schicken. Dies hat den Vorteil, dass die Pferde beim Aufschütteln des Strohs nicht dem Staub ausgesetzt sind. Mona sieht das Verweisen auf den Paddock aus ihrem Bereich als Bedrohung an, wenn ich dabei Körpersprache und einen strengeren Blick einsetze. Also habe ich mich für ein Ritual entschlossen, um die Interaktion zwischen meinen Auszubildenden und der Mustangstute so stressfrei wie möglich zu halten. Während des Mistens wird für sie eine kleine Portion Heu auf den Paddock gelegt, außerdem wird der Paddock mit einem Seil abgesperrt. Mona hat mit der Zeit dieses Ritual verinnerlicht und geht schon auf ihren Paddock-Bereich, sobald sie die Schubkarre sieht. Der Ablauf gibt ihr Sicherheit, und sie empfindet das Eindringen in »ihre« Box nicht mehr als allzu schlimm. Sie dreht sich entspannt auf dem Paddock um und schaut beim Ausmisten zu. Durch diese einfache, aber klare Regelung, wird nicht über den Bereich »diskutiert«. Das Pferd lernt, Ag-

DER ERSTE MONAT

1 2 3 4 5 6 7
8 9 10 11 12 13 14
15 16 17 18 19 20 21
22 23 24 25 26 27 28
29 30 31

DER ZWEITE MONAT

1 2 3 4
5 6 7 8 9 10 11
12 13 14 15 16 17 18
19 20 21 22 23 24 25
26 27 28 29 30

DER DRITTE MONAT

1 2
3 4 5 6 7 8 9
10 11 12 13 14 15 16
17 18 19 20 21 22 23
24 25 26 27 28 29 30
31

gressionsverhalten nicht für sich als Lösung zu nutzen, um etwas Positives für sich zu bewirken, sei es Platz oder Futter.

SICHERHEIT DURCH DAS EINFÜHREN VON RITUALEN

Es ist wie bei uns Menschen: Wenn wir einen Ablauf kennen, gibt uns das Sicherheit. Bei Pferden ist dies ebenso. Ob es das tägliche Entmisten ist oder der Ablauf der Trainingseinheit. Das Pferd weiß, was als nächstes passiert und kann sich darauf einstellen. Den Alltag immer gleich zu gestalten, birgt jedoch die Gefahr der Langeweile oder auch, dass Pferde Dinge vorwegnehmen. Routine ist wichtig, aber Abwechslung und Neues fördern Neugier und Motivation, die Lösung für ein neues Problem oder eine Aufgabe selbst zu suchen. Somit wird die schon beschriebene Selbstwirksamkeit aufrechterhalten. Das richtige Maß aus Sicherheit durch klare und bekannte Abläufe und Abwechslung, um die Konzentration und die Aufmerksamkeit zu fördern, ist ganz klar der Schlüssel zu einem guten Training.

ERSTE GYMNASTIK

Ich möchte das Freilaufen mit Mona immer mehr in eine wertvolle gymnastische Arbeit umwandeln. Frei im Roundpen trabt und galoppiert sie schon gut um mich herum, ich muss allerdings meine Körperspannung aufrechterhalten, damit sie nicht direkt wieder in eine niedrigere Gangart wechselt. Sie achtet unglaublich fein auf meine Körpersprache. Es funktioniert immer besser, dass sie auch im Trab von sich aus eine Vorwärts-Abwärts-Haltung einnimmt. Allein durch Körperentspannung und Ausatmen erziele ich einen lobenden Effekt, indem Mona daraufhin wieder

Eine gymnastisch sinnvolle Haltung kann man in der freien Arbeit konditionieren, indem man im Moment der gewünschten Haltung, durch Senken der eigenen Körperspannung, eine Belohnung setzt.

Auf diese Weise hat die Mustangstute gelernt, immer wieder in die Vorwärts-Abwärts-Haltung zu kommen.

Schritt gehen darf – das ist ihr größtes Lob! Es erstaunt mich immer wieder, was dieses Tier von Natur aus wahrnimmt, auf was für eine feine Kommunikation ich achten muss, um ihr gerecht zu werden.

Ich fange nun damit an, sie auch am Kappzaum minutenweise zu longieren. Senkt sie den Kopf und tritt sie dabei im Trab für ein paar Tritte schön unter, darf sie sofort in den Schritt übergehen. Anschließend lasse ich sie für eine kurze Sequenz den Kopf etwas anheben. Sie soll ihn für einen Moment über eine leichte muskuläre Spannung und eine feine Nachgiebigkeit im Genick selbst tragen. Ich hebe dafür die Longenhand und erhöhe meine Grundspannung im Körper etwas – wieder nur für ein paar Sekunden – schon kommt wieder der Übergang zum Schritt. Mona reagiert gut auf diese Art von Belohnung und bemüht sich, die Signale richtig umzusetzen. Man kann hier schon von guten Ansätzen der Gymnastizierung sprechen.

EFFEKTVOLLES LERNEN DURCH KURZE BELOHNENDE SEQUENZEN

Durch kurze Lernsequenzen, in denen das Pferd auf ein Signal, beispielsweise die Änderung der Körperspannung, reagiert und direkt etwas Positives folgt, fördern wir aktiv das Lernen und die Motivation. Das Pferd lernt dabei auch, dass es von Vorteil ist, die Aufmerksamkeit auf den Signalgeber Mensch zu richten und auf diesen zu reagieren.

DIE ERSTE STANGENÜBUNG

Bei der weiteren gymnastizierenden Arbeit und zur Verbesserung der Koordination, lasse ich Mona immer wieder die Vor- und Hinterhand bewegen und ein paar Schritte seitwärts weichen. Heute lege ich ihr das erste Mal eine naturfarbene Holz-Stange in das Roundpen. Ich denke, dass das Darübergehen für ein in der Wildnis geborenes Pferd nicht allzu schwierig ist.

Allerdings denkt Mona sich, dass es mehr Sinn macht, um die Stange herumzugehen, da genügend Platz an der Seite ist. Recht hat sie! Einem Hindernis auszuweichen spart im Ernstfall mehr Energie, als es zu überwinden. Mona hat also weniger Angst vor der Holzstange, sie sieht keinen Sinn darin, sie zu überqueren.

Also lenke ich sie am Seil etwas präziser auf die Mitte der Stange zu, und nach einem kurzen seitlichen Hinunterschielen, geht sie über die Stange. Ich bestätige sie mit dem Stimmlob. Durch das Lob versteht sie, was ich von ihr möchte.

Wenn wir einmal darüber nachdenken, sehen wir oft Dinge als selbstverständlich an, die wir von unserem Pferd verlangen. Vieles macht für das Pferd keinen Sinn. Wir sollten im Hinterkopf behalten, dass das Pferd in der Natur eine Situation durchaus anders bewältigen würde. Oft bestraft der Mensch sogar das Pferd für seinen Lösungsansatz. Wahrscheinlich ist genau dies die Kunst einer guten Kommunikation und eines pferdegerechten Trainings, das Pferd zu dem Lösungsansatz zu lenken (im wahrsten Sinne des Wortes), der mit unserem übereinstimmt. Wichtig ist, dass das Pferd dabei merkt, dass es etwas bringt, nach einer Lösung zu suchen. So fördern wir wieder seine aktive Teilnahme und Lösungsfindung.

Ein Pferd weiß nicht, dass es für seine körperliche Fitness wichtig ist, über Stangen zu treten. Genauso wenig weiß es, dass eine bestimmte Kopf-Hals-Haltung und die Aktivität der Hinterhand ihm helfen, den Menschen zu tragen. Oft sieht man im Verhalten des Pferdes gute Lösungsansätze, die es zu fördern gilt. Dafür ist auch eine Flexibilität im Trai-

Der wache Blick der Stute verrät ihre hohe Auffassungsgabe. Für sie müssen die Dinge Sinn ergeben, bevor sie sich darauf einlässt. Diese Wachheit und Motivation zur Lösungsfindung sollte beim Pferd immer gefördert werden.

ning notwendig. Das kann bedeuten, vielleicht mit einer Sache weiterzumachen, die man in diesem Moment noch gar nicht mit dem Pferd machen wollte.

Im Umgang mit der Mustangstute wird das Verhalten, selber eine Lösung finden zu wollen, deutlich. Neue Situationen aktiv bewältigen wollen, nicht einfach abwarten oder etwas aushalten, das zeigt sich bei ihr. Ob es eine genetische Veranlagung ist oder in den ersten Jahren des Lebens an- oder abtrainiert wird, ist natürlich schwierig zu sagen. Bei unseren Hauspferden sehe ich oft eine Inaktivität oder sogar ein »In-sich-gekehrt-Sein«. Dies ist sicherlich ein erlerntes Verhalten. Man kann hier sogar manchmal von »erlernter Hilflosigkeit« sprechen. Das Tier hat gelernt, sich aus manchen Situationen nicht eigenständig »befreien« zu können und wählt dadurch den Weg der Passivität: Es erträgt und erduldet auch negative Reize und eine aversive Umgebung.

Dass solche Pferde sich dann in neuen Situationen eher inaktiv oder sogar entziehend verhalten, ist keine wirkliche Überraschung. In meinen Augen sollte man ein Pferd immer zur aktiven Kooperation animieren, es immer wieder vor neue Aufgaben stellen, bei denen es selbst eine Lösung finden kann und darf!

SATTELPAD UND GURT

Heute will ich das erste Mal versuchen, ein Sattelpad und einen Longiergurt auf Mona zu legen. Zuerst fange ich mit Übungen an, die sie kennt. Ich möchte ihr durch die bekannte Routine die nötige Sicherheit vermitteln und konzentriere sie dabei auf mich. Durch die Vorübung mit dem Seil, das ich um ihren Bauch gelegt habe, habe ich ihr schon die Idee gegeben, was ich von ihr möchte. Ich gehe mit dem Longiergurt – zunächst ohne Sattelpad – so vor, wie zuvor mit dem Seil. Ich streiche ihren Körper mit diesem Objekt ab. Die Ringe am Longiergurt klimpern etwas. Nach mehrmaligem Abstreichen von Monas Seite und ihrer Sattellage, lege ich ihr den Longiergurt über den Rücken. Sie achtet aufmerksam darauf, was ich mache, und hört ganz genau nach hinten in meine Richtung. Die Situation ist eine völlig andere als beim bekannten Seil. Ich rede ruhig mit ihr und lasse sie den Kopf etwas absenken. In diesem Moment nehme ich den Gurt wieder von ihrem Rücken. Ich gehe mit ihr ein paar Schritte und zeige ihr so, dass es immer eine Lösung gibt und etwas Unbekanntes wieder mit Entspannung und Ruhe endet. Ich wiederhole dieses Vorgehen ein paar Mal.

Als nächstes lasse ich sie entspannt stehen und greife unter dem Bauch hindurch, so dass ich das andere Ende des Longiergurtes fassen kann. Ich will den Gurt nicht direkt schließen, wer weiß, wie sie reagiert, wenn sich der Druck nicht wieder löst. Also nehme ich die Gurtenden zusammen und löse sie daraufhin gleich wieder. Dann nehme ich sie wieder an und so weiter. Es ist dieselbe Abfolge wie bei der Seilübung, die sie ja bereits kennen gelernt hat. Wieder senkt sie von sich aus den Kopf und lässt ihn in einer entspannten Haltung. Ich bin erstaunt, sie überträgt also die Lösung vom Seil auf den Gurt, der sich ja ganz anders anfühlt. Ich habe nicht das Gefühl, dass wenn ich den Gurt komplett schließe, sie überreagieren wird, denn ihr Körper ist entspannt. Sie hört aufmerksam nach hinten, aber befürchtet scheinbar nichts Schlimmes.

Der Gurt ist geschlossen, natürlich nicht zu fest, aber doch so, dass er bei einer schnelleren Reaktion nicht ins Rutschen gerät. Der nächste große Schritt ist tatsächlich nun, sich mit diesem Ding vorwärts zu bewegen. Ich kenne junge Pferde, die auch mal mit Abwehr oder im schlimmsten Falle mit Panik reagieren, wenn sie spüren, dass sie in der Bewegung etwas umklammert. Ich versuche, ganz selbstverständlich und entspannt vor ihr her zu gehen und tatsächlich, sie folgt mir ein paar Schritte. Ich bleibe stehen und lobe sie – es kommt keine Überreaktion – ein großer Schritt ist geschafft!

Die Gewöhnung an das Sattel-Pad ist nun noch mal ein ganz anderer Schritt. Unabhängig davon, ob ich Mona soeben das Gurten gezeigt habe. Etwas Flächiges auf dem Rücken zu dulden, das sich auch noch bewegt, wird die nächste Herausforderung. Aus diesem Grund, würde ich zur Gewöhnung und Vorbereitung des Sattelns nicht mit Auflegen des Sattels anfangen. Den müsste ich direkt recht fest angurten, damit nichts passiert.

Dieses Objekt ist anders als eine Plastiktüte, die ich Stück für Stück auseinanderfalten kann. Trotzdem gehe ich mit dem Pad ganz ähnlich vor. Ich stelle mich entspannt neben Mona und lasse das Seil locker hängen. Ich streiche in größeren wiederkehrenden Bewegungen erst ihre Seite und dann den Rücken mit dem zusammengeklappten Pad ab. Noch liegt das Pad nicht komplett über ihrem Rücken, sondern nur auf einer Seite. Anschließend streiche ich das Pferd von vorne nach hinten damit ab, öffne das Pad währenddessen und lasse es auf ihren Rücken gleiten.

Auch bei der Gewöhnung an das Sattelpad nutze ich die Entspannung als Belohnung.

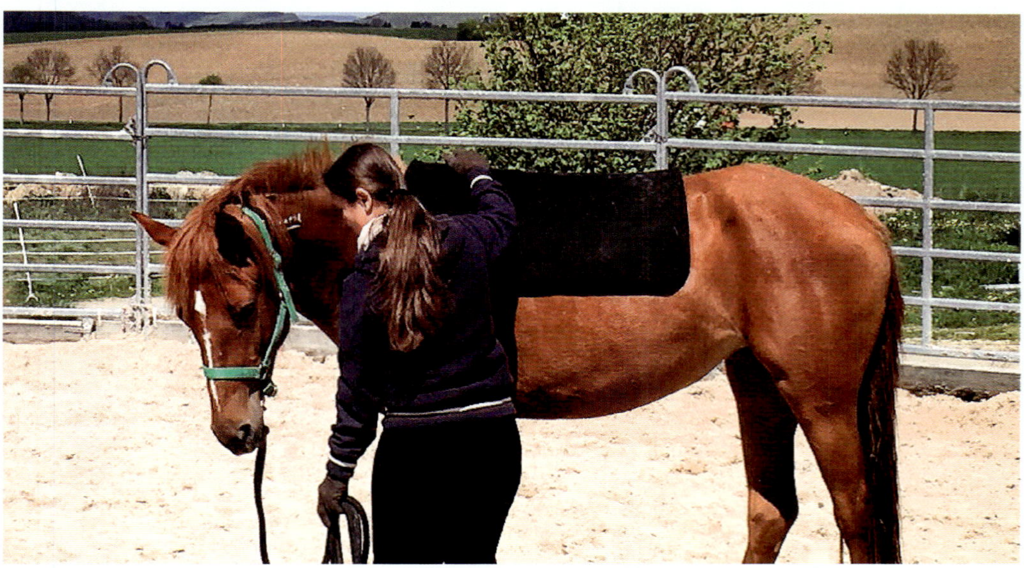

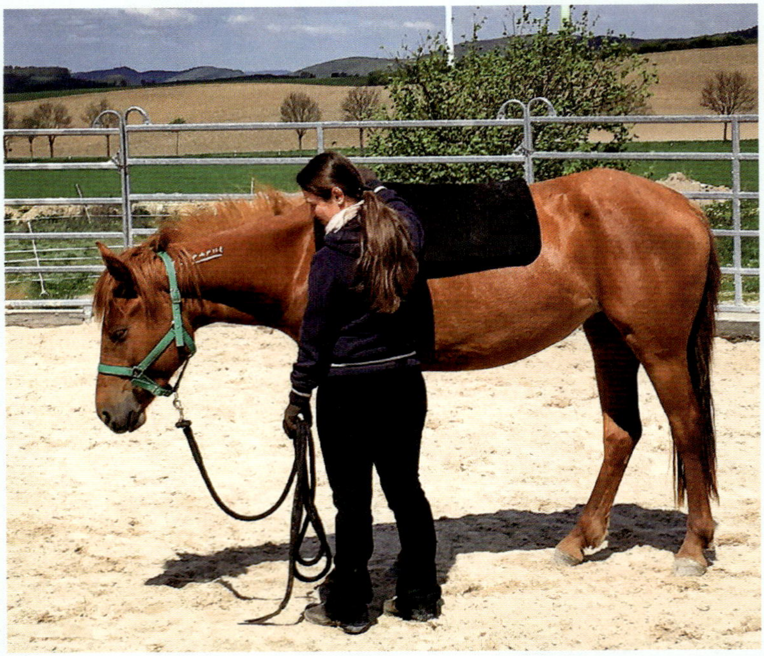

Wenn die Übungen in logischen Schritten aufgebaut sind, schützt man sich und das Pferd vor Überreaktionen.

Ich mache große Bewegungen mit dem Pad und schiebe es auf Monas Rücken hin und her. Dann hebe ich es ein paar Zentimeter an und lasse es wieder leicht auf den Rücken zurückfallen. Meine Bewegungen sind ganz selbstverständlich, dennoch vorsichtig. Die Stute soll merken: Auch wenn sich das Ding auf meinem Rücken hin und her bewegt, passiert dabei nichts Schlimmes.

Um die Akzeptanz des Gegenstandes weiter zu fördern, belohne ich nicht mehr, indem ich das Pad komplett von ihrem Rücken entferne, sobald sie sich entspannt und den Kopf senkt, sondern die Belohnung lautet: Das Pad bleibt ruhig liegen.

Die Übungszeit beträgt ein bis zwei Minuten. Dann »befreie« ich Mona und nehme ihr das Pad vom Rücken. Anschließend gehen wir ein paar Runden Schritt. Der Ablauf wiederholt sich für sie immer wieder, auch wenn es ein neues Objekt ist, an das ich sie gewöhne. Dieser immer gleiche Ablauf gibt ihr die schon erwähnte Sicherheit.

In der nächsten Trainingseinheit lege ich ihr das Pad auf den Rücken und klopfe mit meiner Hand darauf herum. Das findet Mona sehr merkwürdig. Sie verändert ihre Mimik und dreht den Kopf in meine Richtung. Immer wenn sie das macht und dabei noch etwas die Lippen spitzt, zeigt sie, dass der Reiz ihr unangenehm ist und sie ihn loswerden möchte. In diesem Augenblick klopfe ich nicht einfach stärker und lasse sie die unangenehme Situation ertragen, sondern bleibe bei der gleichen Intensität. Ich möchte sie zu einem neuen Lösungsvorschlag ermutigen, denn nicht das Abwehrverhalten oder das Zwicken-Wollen ist die Lösung. Ich helfe ihr in diesem Moment erneut, sich zu entspannen und den Kopf zu senken. Sie nimmt dies willig an, und ich höre sofort auf, sie mit dem Klopfen zu »ärgern«.

Falsch wäre es, ihre Abwehrhaltung zu bestrafen, ihr beispielsweise auf die Nase zu hauen, obwohl sie in dem Moment nur ehrlich zeigt, dass etwas nicht in ihrem Sinne ist. Dieses Verhalten sieht man seitens des Menschen viel zu oft. Auch wenn es manchmal schwierig ist, muss man in gewissen Situationen das unangenehme Verhalten eines Pferdes ignorieren und gleichzeitig versuchen, ihm einen besseren Weg aufzuzeigen.

Nachdem ich Mona gezeigt habe, dass das Pad auf ihrem Rücken ungefährlich ist, auch wenn es sich bewegt, gehe ich ein paar Schritte mit ihr. Auch jetzt bleibt sie ruhig! Ich lobe Mona, dann halte ich sie an, gehe wieder los, lasse sie wieder anhalten ...! Bei dieser Übung erstaunt mich wieder die Gelassenheit der Mustangstute. Ich bin froh, dass meine Vorarbeit zu diesem Ergebnis geführt hat.

Gemeinsam die Welt zu entdecken, stärkt das Gefühl der Zusammengehörigkeit. Neugierde wecken und etwas Positives entdecken festigt die Bindung.

WOCHE 3

TRAINING POSITIV GESTALTEN

Nachdem wir gestern so einen großen Schritt geschafft haben, will ich heute mit Mona etwas spielerischer arbeiten. Sie muss heute kein neues Objekt »ertragen«. Ich möchte ihr im Training Abwechslung bieten und ihr immer das Gefühl geben, dass die Zeit mit mir etwas Positives ist. Es ist schön zu sehen, dass sie aufmerksam und neugierig auf mich zukommt, wann immer ich an ihrem Paddock vorbeikomme. Wenn ich sie dann mitnehme, scheint sie direkt darauf zu warten, etwas Neues zu erleben.

Ich möchte heute eine Vorübung für das Aufsteigen mit ihr probieren. Ich bringe den jungen Pferden dafür bei, seitwärts auf mich zuzukommen. Wenn dies vom Pferd verstanden wurde, kann man das sogar von der Aufstiegshilfe aus abrufen. So hat man später ein kooperierendes Pferd beim Aufsteigen. Ist das Aufsteigen negativ besetzt, geschieht es unter Spannung und man muss ihm vielleicht sogar die Aufstiegshilfe hinterhertragen.

Diese Übung bedient sich der operanten Konditionierung und des Prinzips des »Trial and Error« (»Versuch und Irrtum«). Weicht die Stute einen kleinen Schritt mit der Hinterhand in die Bahn hinein, endet sofort die Einwirkung durch den Menschen. Mit einem leicht zurückgeneigten Oberkörper gibt man dem Pferd zu verstehen, dass es die Lösung »auf uns zu« suchen darf.

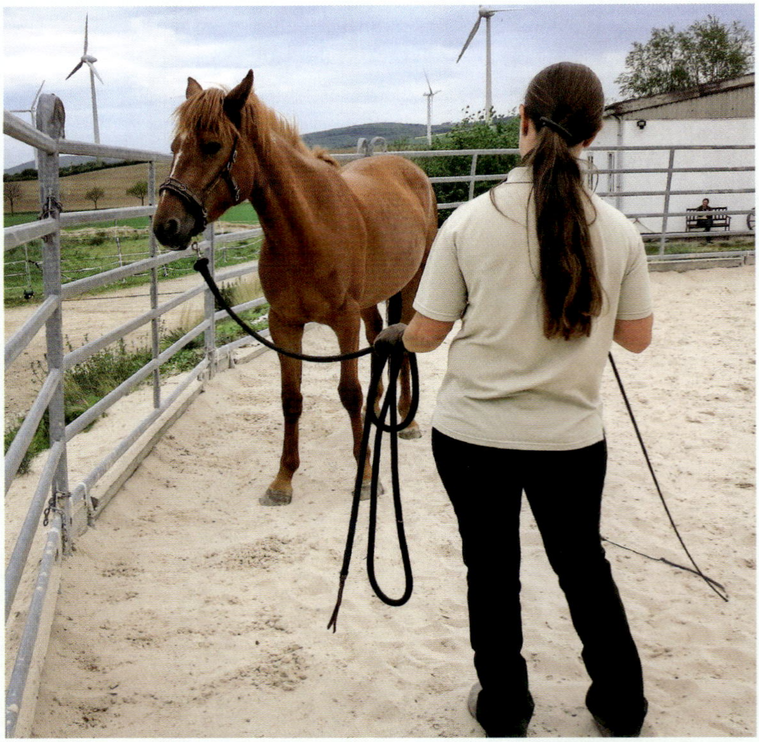

DER ERSTE MONAT

1	2	3	4	5	6	7
8	9	10	11	12	13	14
15	16	17	18	19	20	21
22	23	24	25	26	27	28
29	30	31				

DER ZWEITE MONAT

			1	2	3	4
5	6	7	8	9	10	11
12	13	14	15	16	17	18
19	20	21	22	23	24	25
26	27	28	29	30		

DER DRITTE MONAT

					1	2
3	4	5	6	7	8	9
10	11	12	13	14	15	16
17	18	19	20	21	22	23
24	25	26	27	28	29	30
31						

SEITWÄRTS AUF MICH ZU

Das Seitwärts auf den Menschen zu entsteht aus einer zufälligen Reaktion, die belohnt wird. Hier greift die operante Konditionierung. Es ist hilfreich, das Pferd dafür in Richtung einer Abgrenzung oder der Bande zu stellen, seine eigene Körperhaltung bringt man in eine rückwärts-weichende, dem Pferd Platz schaffende Position. Ich neige dafür meinen Oberkörper etwas zurück. Ich beginne damit, meinen Blick zunächst langsam auf die »seitwärts-treibende Stelle« zu richten und dadurch Druck aufzubauen (an dieser Stelle liegt nachher das seitwärts-treibende Bein). Ich arbeite dabei gerne mit einem Stick oder einer Bogenpeitsche. Mein Signal führt manchmal dazu, dass das Pferd erst Richtung Bande von dem Druck weg weicht. Hat man aber vorher schon Übungen zum Weichen und zum Herankommen durchgeführt, kommen die Pferde innerhalb von wenigen Momenten auf die richtige Lösung. Die erste richtige Reaktion beginnt mit einem Schritt der Hinterhand nach innen. In diesem Moment ist es besonders wichtig, sofort den Druck zu beenden und das Pferd zu loben, seine eigene Körperspannung zu senken und kurz zu pausieren.

Ich habe bei der Mustangstute festgestellt, dass sie sich gerne heranholen und sogar mit einer etwas höheren Geschwindigkeit auf mich zu treiben lässt. Ich beginne diese Übung mit ihr an der Abgrenzung des Roundpens. Innerhalb weniger Momente kommt sie auf die richtige Lösung und bewegt sich einen halben Schritt mit der Hinterhand auf mich zu. Diesen Moment muss man selbst sehr gut abpassen. Das Pferd sollte umgehend merken, dass es für diese Drucksituation eine Lösung gibt und darf nicht zu lange unter Spannung gehalten werden. Das würde unnötigen Stress bei ihm verursachen. Es ist zunächst etwas unlogisch, auf den Menschen zugehen zu dürfen, wenn man vorher doch in Respektsübungen gelernt hat, vom Druck des Menschen zu weichen. Hier muss das Pferd tatsächlich neu kombinieren: Es muss den Druck zwar »loswerden« wollen, aber es muss genau auf die Körpersprache des Menschen achten, welche Bewegungsrichtung zum Erfolg führt.

Nach ihrem ersten richtigen Ansatz gebe ich Mona einen Moment Pause und wiederhole die Übung drei bis vier Mal. Ich möchte, dass sie tatsächlich das Signal über meine Körperhaltung, meinen Blick und damit die Richtung des Druckes auf ihren Bauch mit dieser Bewegung verknüpft. Ganz schön kompliziert für das Pferd, wie ich bei dieser Übung immer wieder finde. Umso erstaunlicher, wie schnell Pferde diese Verknüpfung lernen, wenn wir sie ihnen richtig vermitteln, also wenn Intensität und Timing passen.

Druck bedeutet in diesem Fall nicht, dass ich das Pferd unbedingt berühren muss, dies würde ich nur machen, wenn es komplett in seiner Position verharren würde. Wenn es gar keinen Lösungsansatz zeigt, würde man mit einem leichten Touchieren am Pferdebauch anfangen. Dies ist aber bei Mona gar nicht nötig. Ich bin mir sicher, dass sie durch die Übungen, die ich bisher mit ihr gemacht habe, weiß, dass wenn sie nur versucht, eine Lösung zu finden, dies von mir bestätigt wird. Aller Wahrscheinlichkeit nach ist dann natürlich auch eine Lösung dabei, die ich prompt belohne.

Die Mustangstute kommt nach und nach zu mehr Kraft und Energie. Dies zeigt sie mir nun ab und zu in Form von ein paar »Freuden-Bucklern«.

Auch wenn ich noch keinen Seitwärtsgang von ihr bekomme, sind nach ein paar Wiederholungen die Idee und der Ansatz für das Seitwärts da! Aus diesem Grund höre ich mit der Übung auf und mache mit ihr etwas völlig Anderes. So bekommen wir beide den Kopf frei, nach dieser doch etwas komplizierteren Übung.

Durch ein Vorwärts im Trab und im Galopp erreiche ich wieder Losgelassenheit bei Mona. Es tut ihr sichtlich gut, von dieser konzentrierten Übung wegzukommen und sich moderat zu bewegen. Immer öfter sind nun auch im Vorwärts ein paar Buckler und »Freuden-Ausraster« dabei, was ich anfangs bei ihr nie gesehen habe. In diesem Zusammenhang finde ich das überhaupt nicht schlimm, im Gegenteil, denn das Lösen dieser Energie oder vielleicht auch Spannung im Körper ist für das Pferd in diesem Moment eine Befreiung. Solche Phasen sollten wir unseren Pferden auf jeden Fall zugestehen und gönnen.

DAS UNTERSCHEIDEN VON WEGSCHICKEN UND EINLADEN

Pferde können feinste Signale der Körpersprache voneinander unterscheiden. Für die Kommunikation in der Herde ist es für jedes Pferd wichtig, auf die Signale der Artgenossen zu achten. Nicht nur für die Gruppensynchronisation, sondern auch für die direkte Verständigung untereinander. Ob man weichen soll oder kommen darf wird dabei mit Gestik, Mimik und Körperspannung signalisiert. Es ist in der Gruppe wichtig, sich gegenseitig wegschicken zu können. Für den Gruppenzusammenhalt ist es allerdings genauso wichtig, einen Artgenossen zu sich einzuladen – beispielsweise für eine positive soziale Interaktion wie das Fellkraulen.

MIT VERSCHIEDENEN OBJEKTEN ARBEITEN

Pylonen:

Ich habe mir heute das erste Mal Pylonen bereitgestellt. Diese gestreiften Plastikkegel kennt Mona nicht. Ich stelle sie mit ein paar Metern Abstand in die Mitte des Roundpen. Mona ist neugierig und begutachtet die weichen Hindernisse. Ich beschäftige sie am langen Seil am Boden, variiere die Distanz zu den Kegeln und arbeite sie auch zwischen den Pylonen hindurch. Diese stehen noch weit genug voneinander entfernt, um ihr keine Enge zu vermitteln. Nach ein paar Minuten stelle ich sie nach und nach etwas näher zusammen. Als die Kegel etwa einen Meter weit auseinanderstehen, schielt sie schräg nach unten und beschleunigt zwischen den beiden Objekten etwas ihren Gang. Ich lasse sie noch zwei, drei Mal durch diese Gasse gehen, damit sie merkt, dass dieser Engpass nicht bedrohlich für sie ist.

Stangen:

Hinter der Absperrung des Roundpen liegen bunte Stangen. Ich hole eine Stange zusätzlich zu den Pylonen in den Arbeitsbereich. Eine Holzstange hat sie ja bereits kennengelernt, diese hat nun allerdings einen bunten Kunststoffüberzug. Mona überträgt das bereits Bekannte schnell und merkt, dass ich sie lobe, sobald sie über die Stange geht. Ich beginne bei jedem Hinübergehen über die Stange das Kommando »drüber« mit einzubauen. Kurz bevor sie die Stange erreicht, sage ich das Wort und lobe direkt nachdem sie die Stange überquert hat. Dafür lasse ich sie zu mir kommen und gebe ihr eine kleine Futterbelohnung. Nach ein paar Wiederholungen weiß sie, dass sie für das Über-die-Stange-Gehen nicht nur mit der Stimme gelobt wird, sondern auch Futter bekommt. Sie ist nun sehr motiviert, was man ihr sogar am Gesichtsausdruck ansieht. Das Über-die-Stange-Gehen mit einem Kommando zu verknüpfen hat später den Vorteil, dass ich sie frei und in einer höheren Gangart darüberschicken kann.

KONZENTRATION BEIM TRAINING

Im stressigen Alltag fällt es uns oft schwer, uns zu konzentrieren und auf das Pferd, mit dem wir arbeiten, zu fokussieren. Um wirklich in eine präzise und feine Kommunikation mit solch einem sensiblen Tier wie dem Pferd zu kommen, ist es unerlässlich, sich zu konzentrieren. Bei der Arbeit mit der Mustangstute ist mir ganz besonders aufgefallen, dass wenn ich mich nicht konzentriere und nicht ganz bewusst bei der Sache bin, Reaktionen von ihr kommen, die durchaus heftig ausfallen können. Wenn ich mit den Gedanken woanders bin, kann ich keine präzisen Signale aussenden. Einfach so ein Signal geben und vom Pferd eine präzise Antwort verlangen, kann so nicht funktionieren. Auf schwammige Hilfen kann ich nur schwammige Antworten erwarten. Im Umgang mit Mona wird mir ganz besonders klar, wie deutlich Pferde untereinander eine Intention erwarten und diese auch zeigen. Sie sind dabei fokussiert auf das, was sie als nächstes vorhaben. Da wir oft mit der Vergangenheit oder der Zukunft beschäftigt sind, verlieren wir die Konzentration für den Moment. Das muss auf ein Pferd unnatürlich, komisch oder sogar bedrohlich wirken.

Mir fällt auf, dass wenn ich mit der Mustangstute arbeite und ich anschließend noch einen Termin habe oder mich irgendwie unter Zeitdruck fühle, viele Dinge überhaupt nicht mehr klappen und sie bei Berührung sogar mit Abwehr reagiert. Aus diesem Grund lege ich unsere Trainingseinheiten ans Ende meines Tages. So bin ich entspannt, mache mir für das Training keine konkrete Zeitvorgabe, in der ich irgendetwas erledigt haben muss, und fühle mich so viel freier und konzentrierter bei der Arbeit mit ihr.

»EINPARKEN« AN DER AUFSTIEGSHILFE

Mona und ich wiederholen heute die Übung Seitwärts-auf-mich-Zukommen. Mein Ziel ist es, dass sie aktiv daran beteiligt ist, wenn ich auf sie aufsteigen möchte und nichts über sich ergehen lassen muss. Deshalb verwende ich diese Übung später für das »Einparken« an der Aufstiegshilfe. Auch wenn dieses »Einparken« auf ein gezieltes Kommando hin erfolgt, bringt sich das Pferd aktiv in den Prozess des Aufsteigens mit ein. Das ist psychologisch gesehen eine komplett andere Voraussetzung, als passiv etwas auszuhalten. So kann man das Pferd schon für diesen Teil des Aufsteigens loben. Denn sind wir mal ehrlich: Das Aufsteigen selbst stellt für das Pferd eher keinen belohnenden Effekt dar!

Wir fangen mit der Seitwärtsübung wieder an der Abgrenzung des Roundpen an. Der Longiergurt und das Pad hängen derweil schon an der Umzäunung. Ich will diese Objekte nach und nach immer mehr in Monas Alltag integrieren. Später möchte ich in dieser Einheit auch für ein paar Minuten mit Pad und Longiergurt mit ihr arbeiten. Außerdem habe ich mir eine Aufstiegshilfe bereitgestellt. Nicht weil ich heute direkt aufsteigen möchte, sondern ich möchte Mona zeigen, dass ein Mensch auch einmal aus einer höheren Position, sozusagen »von oben herab«, agiert, ohne dass sie sich dabei fürchten muss.

Während ich mit ihr an der Abgrenzung des Roundpen für die Seitwärtsübung arbeite, steht die Aufstiegshilfe bereits in der Mitte. Es soll für die Stute nichts Besonderes sein, wenn ich ein neues Objekt ins Training integriere. Dadurch, dass ich mich in Gegenwart dieses Objektes nicht anders verhalte, soll sie es am besten auch beiläufig akzeptieren.

Heute schaffen wir schon ein, zwei Schritte in Folge, in denen sie auf mich zu weicht. Ich bin erstaunt, dass sich der Lernfortschritt nach nur ein paar Wiederholungen so verbessert.

Das erste Drüberlehnen von der Aufstiegshilfe aus. Mona hört interessiert nach hinten und duldet meine Berührung über ihrem Rücken.

Dabei merke ich wieder, wie wichtig es ist, mich komplett auf das Training zu konzentrieren. Übe ich etwas zu lange und vielleicht zu deutlichen Druck aus, verändert sich sofort Monas Körperspannung. Ihre Mimik wirkt angespannt und nach wie vor zeigt sie schnell auch mal ihr Droh-Gesicht mit angelegten Ohren. Ich nehme es nicht allzu ernst und versuche, meinen Ablauf beizubehalten und mich nicht aus der Ruhe bringen zu lassen.

Ich arbeite mit Mona am langen Bodenarbeitsseil und lasse sie erst im Schritt, dann in ruhigem Trab um die Aufstiegshilfe herumlaufen. Immer wieder hole ich sie zum Pausemachen zu mir herein und lasse sie neben der Aufstiegshilfe stehen. Auf diese Weise wird das Objekt gleich mit etwas Positivem verknüpft (in diesem Fall mit einer Ruhepause nach dem Vorwärtsgehen, was sie nicht so gerne macht). Sie ist ruhig und konzentriert sich auf mich. Die kurzen, abwechslungsreichen Phasen tun ihr sehr gut. Ich merke, dass Mona sich eher ruhig als skeptisch verhält, wenn wir etwas für sie Ungewohntes zusammen machen.

Also wage ich den Schritt. Ich steige ruhig und langsam auf die Aufstiegshilfe. Mona habe ich relativ dicht am Hocker »geparkt« – vielleicht mit einem halben Meter Abstand. Nicht nur die Ohren, sondern auch ein schräger Blick verfolgen mich. In dieser Position komme ich ihr wohl noch bedrohlich vor. Ich atme ganz ruhig, versuche mich nicht zu sehr anzuspannen. Auch hier nutze ich den bewährten Ablauf, Mona etwas den Kopf senken zu lassen – ich komme dafür gut an ihren Mähnenkamm heran. Um Mona klarmachen zu können, dass sie das Richtige tut, muss ich für das Lob meine Position verändern. Also steige ich sofort wieder die zwei Stufen vom Hocker herab, sobald sie den Kopf senkt.

Nach einer kurzen Pause versuche ich es erneut. Ich führe Mona an die Aufstiegshilfe heran und steige auf diese hinauf. Das Pferd reagiert nun schon schneller. Ich brauche sie kaum zu berühren und schon senkt sie den Kopf. Es ist für mich wiederum ein Zeichen, dass sie diesen Druck – den sie nun durch mich und von oben verspürt – loswerden möchte. Wie muss es nur für ein Pferd sein, das etwas einfach ertragen muss, das nicht mitentscheiden darf, wann der nächste Schritt in Ordnung ist. Ich bin mir ziemlich sicher, dass viele Problematiken im Pferdeverhalten aus dieser anfänglichen Überforderung oder Hilflosigkeit herrühren.

Ich stehe wieder auf der Aufstiegshilfe. Nun streiche ich Mona am Rücken und an der Seite mit der Hand ab. Dabei lehne ich mich etwas über sie drüber und erhöhe nach und nach die flächige Berührung. Sie hört sehr aufmerksam nach hinten. Nur ein paar Momente, dann lobe ich mit der Stimme und steige wieder von meinem Hocker. Das war ein erster wichtiger Schritt, dass sie meine Berührung auf ihrem Rücken von oben akzeptiert. Ich wiederhole dies noch einmal und lege etwas mehr Gewicht in meine Berührung. Ich bin vorsichtig: Sie soll sich nicht erschrecken, wenn sie mich plötzlich auf der anderen Seite wahrnimmt. Ich lobe während ich ausatme, um selbst entspannt zu bleiben. Mona bleibt ruhig, akzeptiert es. Zum Abschluss lasse ich sie auf einen leichten Impuls am Strick – während ich mit dem Oberkörper etwas über ihr lehne – nochmals entspannt den Kopf senken. Was für ein schöner Abschluss dieser ersten Aufstiegsübung!

DER ERSTE BESUCH BEIM HUFSCHMIED

Heute ist der große Tag – wir haben den ersten Termin beim Hufschmied. Ich habe die letzten Tage vor dem Training im Roundpen immer einen ähnlichen Ablauf verfolgt:

Ich habe mich mit Mona für ein paar Minuten am Anbinder aufgehalten – dabei habe ich den Stick wieder nur durch den Ring gezogen. Ich habe sie geputzt und am Hufegeben weitergearbeitet. Vorne geht es schon ziemlich gut. Ich kann sie mit dem Hufauskratzer schon normal auskratzen. Die erste Berührung an der Hufsohle empfand Mona als merkwürdig, aber mit beruhigenden Worten und kleiner Futterbelohnung, während des Aufhaltens, hat sie schnell Gefallen daran gefunden.

Bei den Hinterhufen bin ich einen Schritt weitergekommen. Der zuvor mit der Longe gehaltene Huf liegt mittlerweile in meiner Hand. Ich bin immer noch sehr vorsichtig, denn der Moment, in dem Mona den Huf vom Boden anhebt, ist immer noch kritisch. Ab und an kann es hier noch zu einem Kicken kommen. Ich hebe die Hinterhufe nur einige Sekunden an und kratze sie sehr vorsichtig aus.

Ich gehe mit dem Hufschmied und Mona in den Roundpen. Sie ist nach wie vor viel gelassener, wenn mehr Platz um sie herum ist.

Nun soll eine andere Person als ich das erste Mal ihre Beine berühren und die Hufe aufnehmen. Ich bin mir noch nicht sicher, wie sie reagieren wird. Wenn sonst fremde Menschen auf sie zukommen, reagiert sie mit Neugier, bei der anschließenden Kontaktaufnahme zeigt sie ihr Unwohlsein dann allerdings mit einem schnellen Drohen.

Mein Hufschmied und ich sind uns einig, dass wir lediglich versuchen wollen, alle vier Hufe zu behandeln. Wir setzen uns nicht unter Druck. Ich bin froh über die gute Zusammenarbeit mit ihm. Er ist selbst interessiert an dieser Herausforderung und nimmt sich für Mona besonders viel Zeit.

Unter Zeitdruck und mit großer Körperspannung könnten wir direkt wieder aufhören.

Ich stelle Mona in die Mitte des Roundpen. So haben wir ausreichend Platz, falls sie doch einmal ausweichen sollte. Ich halte sie locker am Strick und rede beruhigend vor mich hin.

Thilo, der Hufschmied, spricht sie ruhig an, nähert sich seitlich ihrer Schulter und streicht diese ruhig ab. Mona schaut sich um, droht aber nicht. Ich weiß nicht, wie sie gleich reagieren wird, weiß aber, dass Thilo genug Erfahrung hat, jede Situation, die kommen wird, zu meistern. Ich weiß, dass er niemals heftig reagieren wird und dass er seine Emotionen unter Kontrolle hat.

Wir haben uns beide dazu entschieden, dass er keine Handschuhe trägt. Ich habe schon häufig erlebt, dass Pferde auf Handschuhe sehr skeptisch reagieren, besonders auf die kratzigen Schutzhandschuhe. Auch wenn Thilo dafür etwas an Sicherheit einbüßt, haben wir doch eher die Chance, dass Mona nicht mit Furcht reagiert.

Er streicht mit der Hand am Bein hinunter, zögert nicht lange und nimmt ganz selbstverständlich ihren Vorderhuf auf mit dem Kommando »Huf«. Mona gibt ihm ihren Vorderhuf und Thilo legt in Ruhe, aber zügig los, mit dem Hufmesser den Huf auszuschneiden. Sie schaut sich kurz zu ihm um und kneift ihn – eher zärtlich als aggressiv – vorsichtig in den Hintern. Ich reagiere bewusst nicht darauf, gebe ihr auch keinen Klaps oder ziehe ihren Kopf heftig weg. Sie könnte auf diese Reaktion hin überreagieren. Ich spreche sie mit etwas direkterer Stimme an und lenke sie daraufhin am Kopf etwas ab, indem ich ihre Stirn kraule.

Nach einer halben Minute etwa setzt Thilo den Huf wieder ab. Wir sind beide sehr erleichtert, dass das so gut geklappt hat. Ich bin erstaunt, wie problemlos sie eine fremde Person an ihrem Bein zulässt.

Das Abknipsen der zu langen Hufe stellt tatsächlich auch kein Problem dar, obwohl es ein neues Geräusch und sicherlich auch ein völlig neues Gefühl für Mona ist, solche Berührungen an den Hufen zu spüren. Sie kennt es noch nicht, den Huf auf einen Bock zu stellen, damit geraspelt werden kann. Also nimmt Thilo seine Handraspel und rundet die Vorderhufe am aufgehaltenen Huf etwas ab. Er fängt vorsichtig an, aber als das Vibrieren einsetzt, ist es ihr wohl doch etwas zu viel. Sie wird unruhig und zieht den Huf weg. Ganz in Ruhe versucht es Thilo noch einmal und raspelt mit langsamen Hin-und-her-Bewegungen. Das ist zwar weniger effektiv, sie wird dabei aber an dieses merkwürdige Gefühl gewöhnt. Wir lassen Mona dies ein paar Sekunden durchhalten und hören dann auf. Wir wollen ihr diese Situation nicht zu unangenehm machen, nachdem sie so toll mitmacht und so viel Vertrauen beweist. Am anderen Vorderhuf klappt es sehr gut, auch hier ist das Ausschneiden kein Problem und die Raspel setzt der Schmied nur kurz an.

Jetzt geht Thilo an die Hinterhufe: Ich weiß, wie schnell sie mit der Hinterhand sein kann und warne nochmal zur Vorsicht. Er streicht ihr langsam über die Hinterhand und spricht dabei ruhig auf sie ein. Dann nimmt er vorsichtig, aber doch bestimmt das Bein auf. Es funktioniert!

Er nimmt das Bein ganz bewusst nicht sehr hoch, um Mona nicht aus dem Gleichgewicht zu bringen oder bei ihr eine Abwehrhaltung auszulösen. Ich habe die Hinterbeine bislang selbst nur ein paar Mal aufgehoben. Thilo arbeitet wieder zügig und schneidet ihr innerhalb von wenigen Sekunden die Hufe aus. Hinten lässt er das Raspeln, denn ihre Hufe sind kurz genug abgelaufen. Der Hufschmied ist sehr zufrieden mit Monas Hufen und bestätigt mir eine sehr harte Hufkonsistenz.

Am anderen Hinterbein geht Thilo genauso vor. Ich bin dankbar für jede Sekunde, die sie ruhig diesem fremden Menschen vertraut. Er erledigt auch auf dieser Seite das Nötigste und wir sind beide sehr erleichtert, dass der erste Hufschmiedbesuch so großartig funktioniert hat.

Noch nie war es so besonders für mich, dass eine Hufschmied-Behandlung so reibungslos verlaufen ist. Ich hatte von Mona schon einige schnelle Reaktionen erlebt und mir war es daher wichtig, weder sie noch einen anderen Menschen in Gefahr zu bringen. Es ist für das Wildpferd etwas Besonderes, einem Menschen den Huf locker zu geben, wenn dieser danach greift. Das starke Abwehrverhalten anfangs hat gezeigt, wie bedroht sich Mona fühlte. Umso erstaunlicher ist ihre Gelassenheit in dieser Situation und das Vertrauen, das sie mir und dem Schmied nach dieser kurzen Zeit entgegenbringt. Es ist überwältigend!

DAS ERSTE SATTELN

Heute möchte ich meine Mustangstute das erste Mal satteln. Ich habe in den letzten Einheiten immer wieder in kurzen Sequenzen das Seitwärts-auf-mich-Zu geübt, um uns beiden später durch das Parken an der Aufstiegshilfe das Aufsteigen zu erleichtern.

Das Pad und den Longiergurt hatte Mona nun schon ein paar Mal getragen, auch in der Bewegung. Das Gefühl, etwas Großes auf dem Rücken zu spüren und von etwas mit moderatem Druck umschlossen zu werden, hat sie akzeptiert. Beim Sattel wird es sicher noch mal anders sein: die Westernbügel, die an den Seiten schwingen, das nicht ganz unerhebliche Gewicht des Sattels und die Geräusche, die entstehen, wenn das Pferd sich damit vorwärtsbewegt.

Bevor ich Mona in den Roundpen hole, bereite ich alles vor: Den Sattel lege ich in die Mitte des Zirkels, das Pad lege ich darüber.

Nun führe ich Mona in den Roundpen. Sie bemerkt natürlich, dass etwas Neues in der Mitte liegt. Wie sonst auch bei der Einführung eines neuen Objektes arbeite ich mit ihr drum herum, mache mit ihr die bekannten Bodenarbeitsübungen, lasse sie von mir wegweichen und ein paar Schritte seitwärts auf mich zu kommen. Dann longiere ich sie am Kappzaum um den Sattel herum und lasse sie bei diesem Pause machen. Sie beschnuppert den ledernen Westernsattel neugierig, weiß aber noch nicht viel damit anzufangen.

Ich beginne mit dem Pad, das sie jetzt schon zwei, drei Mal auf dem Rücken hatte. Wir gehen eine kleine Runde und ich lasse sie wieder beim Sattel anhalten. Dann nehme ich den Sattel auf und trage ihn etwas vor ihr her. So gehe ich bekanntlich immer bei neuen Objekten vor. Auf dieser Weise kann das Pferd den Gegenstand aus der Distanz kennenlernen und sehen, dass er nicht unkontrolliert auf es zukommt.

Mit dem schweren Westernsattel ist das natürlich nicht so leicht, aber wenn sie ihn tragen soll, kann ich das auch für ein paar Minuten. Ich halte mit Mona in der Mitte an. Über meinem linken Arm hängt das Führseil. Ich fange an, sie seitlich mit dem Sattel zu berühren und abzustreifen. Gut ist es, wenn man die Kraft besitzt, mit dem rechten Arm den Westernsattel zu halten und mit dem linken eventuell das Kopfsenken auszulösen. Der Sattel ist schwer und ich muss ihn nach kurzer Zeit wieder ablegen, um durchatmen zu können. Damit läute ich gleichzeitig die nötige Pause in dieser neuen Situation ein, um die Stute nicht zu überfordern. Ich wiederhole das Ganze ein paar Mal und fange an, den Sattel etwas höher über Mona zu halten. Vom Widerrist aus nach hinten mache ich nun größere Bewegungen mit dem Sattel. Den Steigbügel der anderen Seite habe ich über das Horn gehängt, damit dieser – wenn ich das erste Mal den Sattel über das Pferd lege – nicht zu heftig an es ran schlägt. Ich möchte verhindern, dass Mona sich erschreckt und in meine Richtung springt.

Der erste Versuch: Ich lege Mona den Sattel vorsichtig auf den Rücken und lobe sie dabei. Sie nimmt immer wieder die entspannte Haltung mit gesenktem Kopf ein. Die Stute hört sehr aufmerksam nach hinten, ist aber nicht angespannt, im Gegensatz zu mir. Was passiert, wenn sie jetzt losspringt und dieses große Objekt neben ihr herunterfällt? Das möchte ich unbedingt verhindern. Um nicht zu vorsichtig zu wirken und um keine Skepsis auszustrahlen, mache ich ruhig weiter. Ich wackle ein bisschen mit dem Sattel hin und her. Diese Bewegung kennt sie schon von der Gewöhnung an das Pad. Jetzt entstehen natürlich neue Geräusche, die Schnallen des Sattels klimpern, aber Mona bleibt ruhig und vertraut mir. Ich gehe in Ruhe auf die andere Seite, löse den Steigbügel vom Horn und den Gurt aus seiner Halterung. Von der linken Seite aus nehme ich den Gurt unter dem Bauch hindurch und mache dieselben Übungen wie bei der Gewöhnung an den Gurt: Ich ziehe ihn leicht an und lasse ihn wieder locker. Mona senkt den Kopf, denn sie kennt diese sich wiederholenden Berührungen bereits.

Es ist wichtig, den Sattelgurt weder zu fest, noch zu locker anzuziehen. Der Sattel sollte in der Bewegung nicht rutschen, das Pferd sich aber auch nicht eingeengt fühlen. Ich ziehe langsam den Gurt an und merke bei ihr keine Abwehrhaltung oder erhöhte Spannung. Er ist nun moderat fest, so dass der Sattel nicht ins Rutschen gerät, sollte Mona wegspringen oder eine Flucht- oder Abwehrreaktion zeigen. Ich lobe sie und wage die ersten Schritte ins Vorwärts. Ich gehe ein paar Schritte mit ihr, lasse sie anhalten und lobe sie direkt. Bisher passiert nichts, sie zeigt keine Überreaktion! Wieder gehe ich fünf, sechs Schritte mit ihr, lasse sie wieder anhalten und dann zwei Schritte rückwärtsgehen. Außerdem baue ich nun Übungen ein, die sie kennt. Ich gehe mit ihr eine kleine Volte und bin erleichtert, denn sie läuft mir ruhig hinterher, springt nicht los und bockt nicht. Sie zeigt mir deutlich ihr Vertrauen. Nach wenigen Minuten löse ich den Gurt wieder und nehme ihr den Sattel ab. Ich bin froh, diesen großen Schritt mit ihr so gut und entspannt gemeistert zu haben.

Die ersten entspannten Schritte unter dem Sattel. Durch die tiefe Kopfhaltung kann der Sattel vom Pferd entspannter angenommen werden. Ein genüssliches Wälzen ist ein positiver Abschluss nach diesem großen Trainingsschritt.

WARUM DAS TRAGEN EINES SATTELS GEGEN DIE NATUR DES PFERDES IST

Die wahrscheinlich größte Gefahr für ein Fluchttier ist es, von einem Angreifer gepackt und nicht mehr losgelassen zu werden. In diesem Moment greift die »Fight or Flight«-Reaktion (siehe Seite 14). Wenn wir uns vorstellen, was der schlackernde Sattel für ein Pferd bedeuten muss, wenn er seinen Rumpf umschließt und sich im schlimmsten Falle nicht durch Flucht oder Abwehr abschütteln lässt – verstehen wir, wie wichtig eine entsprechende Vorbereitung ist. Wenn ein Pferd beim Schließen des Gurtes und beim Vorwärtsgehen sichtlich entspannt bleibt, ist das ein Beweis für die gute Vorarbeit.

Mona beobachtet das Putzen immer noch sehr aufmerksam. Das Hufegeben funktioniert immer routinierter.

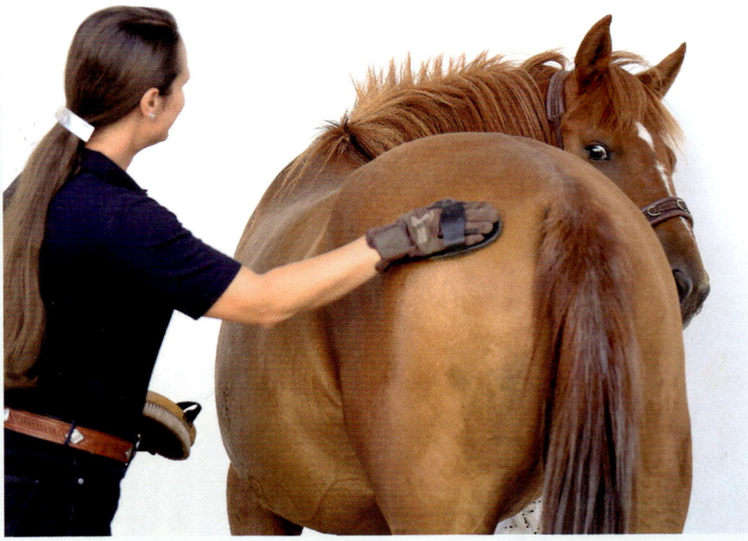

ANBINDEÜBUNG

Mona und ich kommen immer mehr in eine gemeinsame Routine. Ich putze sie inzwischen auch häufiger an unserem Anbindeplatz im Stallgebäude. Hier verhält sie sich nach wie vor anders als draußen. Ihr fehlt die Übersicht und sie fühlt sich eingeengt. Damit sie ruhig bleibt, muss ich mich ganz bewusst bewegen, wenn ich an sie herantrete, sie putze, ihre Hufe aufnehme oder um sie herumgehe, um sie umzudrehen.

Da ich Mona noch nicht festbinden möchte, wiederhole ich mit ihr immer wieder die Anbindeübung. Das Bodenarbeitsseil ziehe ich dabei durch den Anbindering. Ich nehme dann das Seil leicht an, wodurch es zu einem leichten Druck auf ihr Genick kommt. Wenn ich merke, dass sie diesen verstärkt, tippe ich sie leicht mit der Gerte an der Hinterhand an. Dadurch lernt sie, dass Vorwärtsgehen die Lösung ist. Sobald ein kleiner Schritt nach vorne folgt, höre ich sofort auf zu touchieren und lasse den Druck am Seil nach. So bringe ich ihr bei, die Lösung nach vorne zu suchen und sich nicht ins Halfter zu hängen. Das soll sie später auch umsetzen, wenn sie einmal fest angebunden ist.

Diese Übung ist für sie schon Routine. Ein leichtes Annehmen am Strick lässt sie einen Schritt nach vorne machen, und ich löse den Druck wieder.

Ich kann Mona inzwischen überall berühren, putzen und auch das Hufeauskratzen funktioniert immer stabiler. Da ich sie gestern das erste Mal

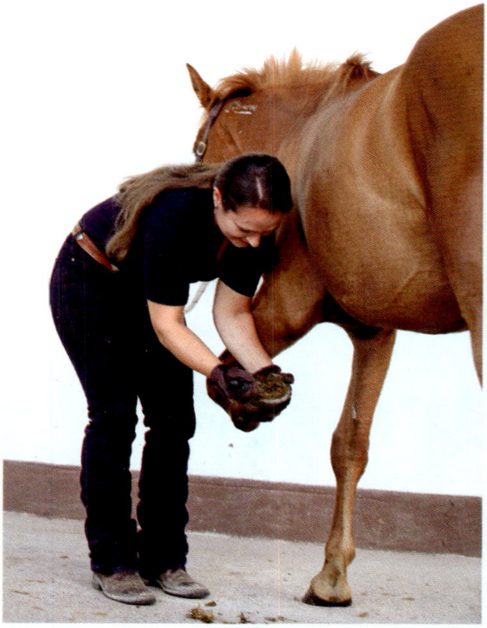

gesattelt habe, mache ich dies natürlich noch nicht am Anbinder. Das wäre für alle Beteiligten zu gefährlich. Ihre Gelassenheit ist im Roundpen deutlich höher als am Putzplatz. Also bereite ich wieder Sattel und Pad im Roundpen vor, dann betrete ich gemeinsam mit dem Pferd den Übungsplatz.

Ich wiederhole das Satteln in derselben ruhigen Abfolge wie das letzte Mal. Mona steht gelassen da und lässt mich hantieren. Heute möchte ich an den Grundübungen weiterarbeiten, nur eben mit Sattel. Ich fange mit unseren Bodenarbeits-Übungen direkt an, Mona führe ich am Seil. Sie bekommt wieder ihre bekannten Aufgaben gestellt, so dass der Sattel auf ihr eher zum Beiwerk wird. Sie konzentriert sich entspannt auf die Dinge, die sie schon kennt. Dann lasse ich sie am langen Strick in einem Kreis um mich herumlaufen. Erst im Schritt, dann das erste Mal mit Sattel im Trab. Das Klappern der Bügel und der Schnallen wird lauter. Sie hört nach hinten und beschleunigt etwas ihr Tempo im Trab. Ich lasse sie in Ruhe zum Schritt durchparieren und erneut antraben. Ich möchte nicht, dass sie sich in irgendeiner Weise von diesem »Ding« verfolgt fühlt. Beim zweiten Mal Antraben geht es schon viel besser und ich entlasse sie auf immer größere Kreise. Hier motiviere ich sie wieder zum Kopfsenken, so dass sie merkt, dass die Spannung auf den Gurt weniger wird, wenn sie in einer entspannten Vorwärts-Abwärts-Bewegung trabt. Dies funktioniert tatsächlich schon gut. Wenn ich ihr einen kurzen Impuls am Kappzaum mit einer leicht gehobenen treibenden Gertenhand gebe, senkt sie den Kopf. Darauf nehme ich die Gertenhand runter und lockere das Seil.

Für den Galopp möchte ich ihr die ganze Freiheit des Roundpens geben und löse sie vom Seil. Jetzt kann sie noch etwas freier laufen. Ich erhöhe meine Körperspannung und gebe

Im Trab fühlt sich der Sattel anders an als im Schritt. Die Mustangstute lässt sich vom Schwingen der Bügel nicht aus der Ruhe bringen.

DER ERSTE MONAT

1 2 3 4 5 6 7
8 9 10 11 12 13 14
15 16 17 18 19 20 21
22 23 24 25 26 27 28
29 30 31

DER ZWEITE MONAT

1 2 3 4
5 6 7 8 9 10 11
12 13 14 15 16 17 18
19 20 21 22 23 24 25
26 27 28 29 30

DER DRITTE MONAT

1 2
3 4 5 6 7 8 9
10 11 12 13 14 15 16
17 18 19 20 21 22 23
24 25 26 27 28 29 30
31

das Stimm-Kommando »Galopp«, prompt macht sie ihre ersten Galoppsprünge mit Sattel. Die Steigbügel schwingen jetzt vermehrt im Takt an ihren Bauch. Mona entspannt sich noch nicht ganz so im Galopp wie ohne Sattel, aber es kommt zu keinem wilden Bocken oder Sich-Wehren. Ich bin froh, dass ich mir so viel Zeit gelassen habe.

Wie es ihre Art ist, will Mona bald wieder durchparieren. Ich treibe, lasse sie erneut angaloppieren und es folgen ein paar etwas rundere Galoppsprünge, die man aber keinesfalls Bocken nennen würde. Diese gelten wohl eher meiner erhöhten Körperspannung als dem Sattel. Als sie noch eine weitere Runde im Roundpen hinter sich gebracht hat, entlasse ich sie wieder in den Schritt und lade sie anschließend ein, bei mir Pause zu machen.

FAHREN VOM BODEN AUS

In der Vorbereitung für das Anreiten »fahre« ich die Pferde gerne vom Boden aus. Es ist eine Art Langzügel-Arbeit, die dem Jungpferd das erste Verständnis von Lenken, Anhalten und Rückwärts gibt, ohne dass jemand vorweg geht oder auf ihm sitzt. Es ist sozusagen die Zwischenstufe von Bodenarbeit und Reiten. Das Pferd lernt dabei sehr schön, dass der Mensch auch aus einer anderen Führposition seine Signale geben kann und es ihm auch aus dieser Position heraus vertrauen kann. Für

das Fahren vom Boden muss man das Pferd Schritt für Schritt an die Berührung der Longen an den Seiten und der Hinterhand gewöhnen. Manche Pferde reagieren schwierig, wenn das Seil sie an den Hinterbeinen entlang nach unten berührt.

Mona hat die Berührung mit der Longe an der Hinterhand bereits bei der Vorbereitung zum Hufegeben kennen gelernt. Dennoch gehe ich hier erneut vorsichtig vor. Sie soll sich keinesfalls erschrecken oder in Panik geraten, wenn ich mit ihr die ersten Übungen beginne. Ich streiche sie überall mit der Longe ab und bereite sie ebenfalls darauf vor, dass die Steigbügel sich gleich etwas bewegen werden, wenn ich die Longen durch diese hindurchziehe. Ich longiere sie zuerst mit der einfachen Longe. Die Steigbügel bewegen sich beim Annehmen der Longe weiter von ihr weg. Sie kommen in ihren Sichtbereich, was sie zunächst etwas merkwürdig findet. Ich kann durch das Annehmen und Lockerlassen der Longe diese Bewegung gut von innen steuern. Dies ist ebenso eine gute Vorbereitung für den späteren Reiter, da diese Bewegungen am Sattel dann nichts Neues mehr für das Pferd sind. Ich longiere Mona auf diese Weise auf beiden Händen, bis sie im Schritt und Trab ganz gelassen um mich herumläuft.

Dann schnalle ich beide Longen an der Sidepull-Funktion des Kappzaums ein, führe sie beide durch die großen Westernsteigbügel und streiche von schräg hinten mit der Longe nochmals die Hinterhand ab. Damit das Pferd sich an diese Führposition gewöhnt, lasse ich es nochmals in einem kleinen Kreis um mich herumlaufen wie zuvor. Neu ist jetzt, dass die äußere Longe Mona von außen einrahmt und auch leicht hinten an der Hinterhand anliegt. Das veranlasst sie zum Schnellerwerden. Sie ist weder panisch, noch stürmt sie los. Sie kann lediglich diese ungewohnte umschließende Berührung noch nicht zuordnen.

Ich beruhige sie und lasse sie wieder Schritt gehen. Damit löst sich auch der Druck der äußeren Longe. Ich lasse sie erst von beiden Seiten um mich herumlaufen (ähnlich der Doppellongenarbeit), bevor ich mich hinter sie begebe.

Als nächstes möchte ich ihr das Anhalten über ein Stimmkommando – was sie bereits kennt – und über das leichte Annehmen des Zügels zeigen. Mir ist besonders wichtig, dass ich sie jederzeit anhalten kann. Sie muss die Bedeutung des Zügels als Grenze schon vom Boden aus kennen lernen, bevor ich das erste Mal aufsitze.

Um ihr die Bedeutung des Zügels für die Lenkung klarzumachen, stehe ich vorne neben ihr und gebe am Kappzaum auf jeder Seite Impulse zur Seite. Wenn sie in die jeweilige Richtung nachgibt, lasse ich die Zügel sofort wieder locker. Dies wiederhole ich auf beiden Seiten mehrmals. So lernt sie sehr schnell, welches die richtige Reaktion für den Drucknachlass ist. Mona wird schnell klar, was der seitliche Zug am Zügel zu bedeuten hat und die Lösung das Nachgeben des Drucks ist. Sie kennt das Wort »Schritt«, wenn sie aus dem Halten in den Schritt antreten soll. Ich habe meine Gerte in der Hand, gebe das Kommando und tippe sie leicht an der Hinterhand an. So bekomme ich ihre ersten Schritte in der »Fahrposition«. Nach ein paar Schritten halte ich sie wieder an, lockere die Longen und lasse sie leicht an sie heranschwingen. Dann löse ich die Longen für einen kurzen Moment und lasse sie etwas stehen – und siehe da: Mona senkt den Kopf. Da diese leicht pendelnde Bewegung für sie schon öfter bedeutet hat, den Kopf zu senken, haben wir damit erstaunlicherweise schon unser erstes Kommando auf Distanz, um die Entspannung auszulösen – wie schön!

Ich lasse sie erneut in den Schritt antreten und versuche die erste Kurve. Dafür tippe ich Mona leicht außen an der Hinterhand an und lege die äußere Longe an ihren Körper. Innen zeige ich ihr über eine leichte Stellung den Weg in die neue Richtung und tatsächlich: Die erste kleine Kurve klappt. Sofort lasse ich Mona anhalten und lobe sie. Ich bin sehr erstaunt, dass sie mich aus dieser Position ebenso akzeptiert und meine Kommandos so schnell übertragen kann. Nun versuche ich auf beiden Seiten die ersten lenkenden Übungen. Nach einem gelungenen Anhalten entlasse ich die Stute aus dieser Übung. Ich nehme ihr Sattel und Kopfstück ab und verlasse mit ihr den Roundpen.

LERNEN HEISST TRANSFER AUF NEUE SITUATIONEN

Einen Lerninhalt auf andere Situationen zu übertragen, festigt das Gelernte immer weiter. Dies kann man sich beim Transfer auf verschiedene Führpositionen zunutze machen.

Beim Fahren vom Boden zeigt man dem Pferd, dass die Führposition auch eine andere sein kann. Es lernt, die Signale in diese neue Situation und später auch auf das Reiten zu übertragen. Dabei stellt die Führposition von schräg hinten einen Zwischenschritt zwischen Vorweggehen (Position neben dem Pferdekopf) und Reiten (Führposition auf dem Pferd) dar. Die Signale werden vom Pferd auf diese neue Situation übertragen, und das Verständnis von oben geleitet und gelenkt zu werden, wird für das Pferd nachvollziehbar.

DAS ERSTE MAL IN DER REITHALLE

Ich mache mich mit Mona auf den Weg zur Reithalle, diese hat sie bislang noch nicht betreten. Ich wollte, dass sie mir vertraut, bevor sie diesen großen geschlossenen Raum kennen lernt. Unsere Reithalle ist offen gestaltet, durch Planenbespannung und Windnetze ist sie sehr hell und man hat von allen Seiten einen Blick nach draußen. Bei Wind hört man das Klappern der Träger oder auch mal das Flattern der Plane. Dies alles

Die Reithalle ist ein neuer Ort, den Mona kennenlernt. Dadurch, dass die Hallenwände nicht geschlossen sind und sie einen freien Blick nach draußen hat, kann sie sich auch in dieser neuen Umgebung entspannen.

hat mich davon abgehalten, ihr sofort die Halle zu zeigen. Die Reithalle hat einen weitläufigen Eingangsbereich mit einem fünf Meter breiten Eingangstor. Mona muss also nicht durch eine enge Gasse hindurch, was ein großer Vorteil ist. Als sie das erste Mal mit mir in die Halle hineinsoll, zögert sie. Nach einem kurzen Moment kann ich sie überzeugen, mit mir mitzukommen, und wir betreten den weichen Sandboden.

Sie sieht sich um und scheint sich in diesem Raum nicht besonders eingeengt zu fühlen. Wahrscheinlich liegt es daran, dass es keine geschlossenen Wände gibt und sie einen freien Blick nach draußen hat. Ich gehe bewusst mit ihr nicht an der Bande entlang, um ihr alles zu zeigen, sondern möchte, dass sie sich auch hier auf mich verlässt und sich an meiner Gelassenheit orientiert. Sie darf sich natürlich umsehen, aber ich nehme sie direkt in kleine Aufgaben hinein, durch die sie sich auf mich konzentrieren soll.

So mache ich es immer mit Pferden in neuer Umgebung. Ich möchte ihnen nicht die Verantwortung überlassen zu entscheiden, ob Gefahr droht oder nicht. Sie dürfen gerne neue Gegenstände beschnuppern, ich möchte aber die Aufmerksamkeit nicht auf die neuen Dinge richten, sondern durch bekannte Übungen Ruhe und Entspannung in die neue Situation bringen.

So mache ich es auch mit Mona, indem ich unsere bekannten Bodenarbeitsübungen abrufe. Ich lasse sie immer wieder anhalten, ein paar Schritte rückwärtsgehen, lasse sie die Schulter und die Hinterhand weichen und sie immer wieder in entspannter Haltung kurze Momente stehen.

Sie nimmt das sehr gut an, auch wenn ich merke, dass sie angespannter ist und sie diese neue Umgebung etwas beunruhigt. Ich arbeite mit ihr nur etwa zehn Minuten, dann verlassen wir wieder die Halle.

ANHÄNGERTRAINING

Jedes Pferd sollte meiner Meinung nach so trainiert sein, dass man es mit möglichst wenig Stress – auch in einer Notsituation – verladen kann. So möchte ich es auch mit der Mustangstute handhaben.

Das erste Verladen, bei dem ich als Beobachter dabei war, fand am Frankfurter Flughafen statt. Dort dauerte es zwar ein paar Minuten, aber das Verladen ging ruhig und ohne Stress und Hektik vonstatten. Die Vorbereitung auf das Verladen war eine der wichtigsten Grundlagen, an der die Trainerin in den USA intensiv gearbeitet hat. Mona konnte durch ihr Training in einen Trailer verladen werden und auch das Einsteigen in den Flug-Container erfolgte reibungslos.

Natürlich ist die Fahrt mit dem Anhänger immer mit Stress und Unsicherheit für ein Pferd verbunden, wenn es noch zu keiner Routine geworden ist.

Ich habe für das Training mit Mona meinen Pferdeanhänger mitten auf den Hof unserer Anlage gestellt. Normalerweise nutze ich eine Verlademethode, bei der ich die Pferde von hinten mit einer Gerte einrahme und in einer Führposition schräg vor ihnen lenkend einwirke.

Die Übung des »eingerahmten Vorwärtsgehens« kennt Mona bereits aus der Bodenarbeit. Man nimmt im Prinzip dabei die Longierposition ein, befindet sich nur näher am Pferd dran. Auf diese Weise kann man dem Pferd durch Einrahmung vorne und hinten Stabilität geben, aber auch fein und gezielt einwirken.

Sobald das Pferd stehen bleibt, fängt man an, es leicht an den Hinterbacken zu touchieren. Sobald es vorwärts geht, lässt man sofort die treibende Hilfe weg. Nach diesem Prinzip nähert man sich dem Anhänger, lässt aber das Pferd immer wieder vom Anhänger weg rückwärts weichen, um ihm den Weg vom »Gruselobjekt« weg aufzuzeigen.

Als Mona den Hänger auf dem Hof sieht, guckt sie und bleibt zunächst einmal stehen. Dies macht sie des Öfteren, wenn ich sie über den Hof führe. Es ist dabei egal, ob wir Richtung Roundpen oder Richtung Box gehen, meist hat es damit zu tun, dass sie Gras sieht und auf ihre Art immer deutlich zeigt, was ihr gerade passt und was nicht.

So auch hier: Der Anhänger wird von ihr mit Anstrengung assoziiert und ist nicht ihre erste Wahl. Sie kennt das leichte Vorwärtstouchieren, mit dem wir uns nun dem Hänger weiter nähern.

Mona ist nicht ängstlich, aber einfach in den Hänger hineinzulaufen, entspricht in diesem Moment nicht ihren Vorstellungen. Ich lasse sie immer wieder etwas rückwärtsgehen und setze dann erneut ins Vorwärts an. Es klappt, dass sie einen Schritt auf die Rampe macht, anschließend geht sie in Ruhe rückwärts. Anders als bei vielen anderen Pferden ist Mona durchaus bereit, einem Druck – der durch das Halfter im Genick entsteht – einige Zeit vehement Stand zu halten. Dies ist ihre Art zu zeigen, dass sie mitdenkt und für sich entscheidet, ob es für sie Sinn macht,

DER ERSTE MONAT

1 2 3 4 5 6 7
8 9 10 11 12 13 14
15 16 17 18 19 20 21
22 23 24 25 26 27 28
29 30 31

DER ZWEITE MONAT

1 2 3 4
5 6 7 8 9 10 11
12 13 14 15 16 17 18
19 20 21 22 23 24 25
26 27 28 29 30

DER DRITTE MONAT

1 2
3 4 5 6 7 8 9
10 11 12 13 14 15 16
17 18 19 20 21 22 23
24 25 26 27 28 29 30
31

das zu tun, was ich von ihr möchte, oder nicht. Beim Anhänger-Training merke ich jetzt, dass sie nicht nur dem Druck Stand hält, sondern ihn derart verstärkt, dass sie mich rückwärts mitzieht. Sie setzt ihre Kraft dafür bewusst ein.

Solche Situationen kenne ich durchaus auch von unseren Hauspferden. Sie beenden den Gegendruck aber oft innerhalb von Momenten, sobald sie merken, dass es durch ihre Entscheidung, vorwärts zu gehen, für sie sofort angenehmer wird. Selbst wenn unsere Hauspferde das »Gegengehen« als Lösung ungewollt gelernt haben, schwenken sie relativ schnell in ein alternatives Verhalten um, wenn ihnen dieses den Druck nimmt und Erleichterung schafft.

Anders ist es beim erlernten Verhalten, den Druck tatsächlich durchzusetzen, um ihn damit zu lösen. Zeigt ein Pferd dieses Verhalten, zieht es den Menschen solange hinter sich her, bis er loslässt. Auch das wird dem Tier vom Menschen meist ungewollt beigebracht, da sein Timing für die Lösungsfindung des Pferdes im Vorfeld nicht gestimmt hat.

Ich möchte Mona in diesem Lernverhalten nicht unterstützen und halte den Druck auch beim Rückwärtsziehen bei. Ich nutze unsere Vorübung mit der Flattergerte aus der Roundpen-Arbeit. Ich schaue auf ihre Schulter und bekomme sie durch Einwirkung über meinen Blick (ich bin schon ein paar Meter von ihr entfernt) und die Gerte dazu, zumindest ein paar Schritte auf mich zuzukommen.

Wir setzen immer wieder an, denn bei dieser »Diskussion« geht es tatsächlich ums Prinzip. Wer bleibt länger mit Ruhe und Standhaftigkeit an seinem Vorhaben dran? Mona oder ich?

Mona entwickelt eine unglaubliche Willensstärke, wird dabei nicht wild, setzt aber sehr bewusst ihre enorme Kraft ein.

Ich bleibe dran und bekomme sie nun wieder auf die Rampe.

Ich will die Strategie ändern – das Prinzip, das bislang mit jedem Hauspferd ausnahmslos geklappt hat, muss ich hier nun überdenken. Dieses Pferd entscheidet natürlicherweise immer noch für sich selbst, ob eine Situation gewinnbringend für es ist – oder nicht!

Ich schwenke um und gebe ihr für jedes »Auf-die-Rampe-Gehen« ein paar Luzerne-Pellets.

Ihre Motivation verändert sich schlagartig. Ich locke sie nicht, das ist mir wichtig. Ich will sie nur in ihrem Mitmachen bestätigen und ihre Motivation, meinen Signalen zu folgen, bestärken.

Es funktioniert nun viel besser und sie kommt mit mir in den Hänger hinein. Diese »Grundsatzsituation« zeigt mir wieder, wie viel natürlicher Überlebens- und Entscheidungswille in diesem Pferd steckt!

Nach dem etwas aufregenderen Anhänger-Training gehen wir heute das zweite Mal in die Reithalle. Ich möchte, dass sie sich nicht von den Außenreizen ablenken lässt, dafür habe ich bereits Pylonen und Stangen in die Halle gebracht. Ich möchte ihren Fokus durch diese Objekte direkt auf eine Aufgabe richten. Mona soll durch diese Übung auch die Reithalle mit einer positiven Situation verknüpfen. Sie kennt die Pylonengasse (zwei Pylonen im Abstand von etwa anderthalb Metern) und die Stange schon vom Roundpen. Mit dem Kommando »durch« steuere ich sie ein paar Mal durch diese Gasse, über die Stange geht es mit dem Wort »drüber«. Diesen Transfer schafft sie gut. Sie achtet auf mich und ist sehr konzentriert, alles richtig zu machen. Ich gebe ihr, wenn sie gut mitmacht, eine kleine Futter-Belohnung. Ich hole nun auch ein paar Schreck-Gegenstände in die Halle. Zuerst streiche ich sie mit einer Plastiktüte ab, sie toleriert die Berührungen und Geräusche immer mehr. Neu ist die Schwimmnudel für Mona. Diese kann ich nicht so schön klein machen wie eine Plastiktüte, ich berühre sie mit ihr in voller Länge. Sie schielt etwas skeptisch in Richtung der rosa Nudel, aber merkt auch hier sofort, dass ich sie mit diesem Plastikobjekt in Ruhe lasse, sobald sie den Kopf absenkt. Durch leichtes Klopfen an ihren Bauch mit der Nudel kann ich jetzt gezielt das Kopfsenken auslösen. Dies ist ein guter Schritt, um später auch vom Sattel aus durch leichtes Beinpendeln das Kopfsenken abrufen zu können. Wir beenden das Training in einem entspannten Moment. Ich lasse sie zur Belohnung anschließend etwas grasen.

WOCHE 4

DIE ERSTE FREIARBEIT

Im Roundpen habe ich mit Mona immer wieder auch ohne Strick und direkte Berührung gearbeitet. Diese freie Arbeit will ich heute das erste Mal in der Halle ausprobieren. Hier ist wesentlich mehr Platz zum Ausweichen, und es wird sich zeigen, ob sie durch unsere Kommunikationsarbeit bereits gut an mich gebunden ist oder von mir weggeht. Wir fangen mit dem Überqueren von Stangen und Pylonengassen am Strick an. Mona soll sich auf mich konzentrieren. Das Lob motiviert sie und ich habe ein gutes Gefühl, als ich sie vom Strick löse.

Ich bleibe bei den Übungen und fange an, sie frei durch die Gasse zu schicken. Nach jedem freien Durchqueren darf sie sich auf das Stimmlob hin eine Futterbelohnung abholen. Ich schicke sie auch über die Stange, dabei achtet sie sehr aufmerksam auf mich. Mona versucht aber auch, eigene Lösungen zu finden und steuert, wenn ich gerade kein Kommando gebe und sie selbst entscheiden lasse, gezielt auf die Pylonengasse oder die Stangen zu. Es ist wirklich erstaunlich, wie sich auch hier wieder ihre schnelle Auffassungsgabe zeigt! Natürlich will ich nicht fördern, dass Mona Dinge vorwegnimmt oder gar Futter einfordert, aber ihr Mitmachen und ihre hohe Motivation sind einfach herrlich anzuschauen. Ihr Verhalten wirkt in keinster Weise aufdringlich oder verursacht einen Erwartungsstress. Bei manch anderen Pferden habe ich beobachtet, dass sie gestresst durch die Gier nach Futter anfangen, alles hektisch abzuspulen, um belohnt zu werden.

Das Weichen von Vor- und Hinterhand sowie das freie Seitwärts funktioniert auch in der Halle und Mona hat entschieden, im Training bei mir zu bleiben. Ein tolles Gefühl!

Ich schicke sie in immer größeren Bögen durch die Pylonen um mich herum, bis die ersten Zirkel im »freien Longieren« entstehen. Was bei anderen Pferden viel Zeit, Geduld und wochenlanges Training braucht, zeigt mir diese Mustangstute nach wenigen Einheiten!

Mona ist sehr motiviert in der Freiarbeit. Mit dem Schicken durch die Pylonen-Gasse bekommt sie in der Freiarbeit gleich eine Aufgabe, für die sie ein Lob erhält.

Die weichenden Übungen gelingen uns auch in der Halle direkt in der Freiarbeit.

Mona folgt mir frei im Schritt und im Trab. Ich rahme sie hierfür mit einer zweiten, außen eingesetzten Gerte ein.

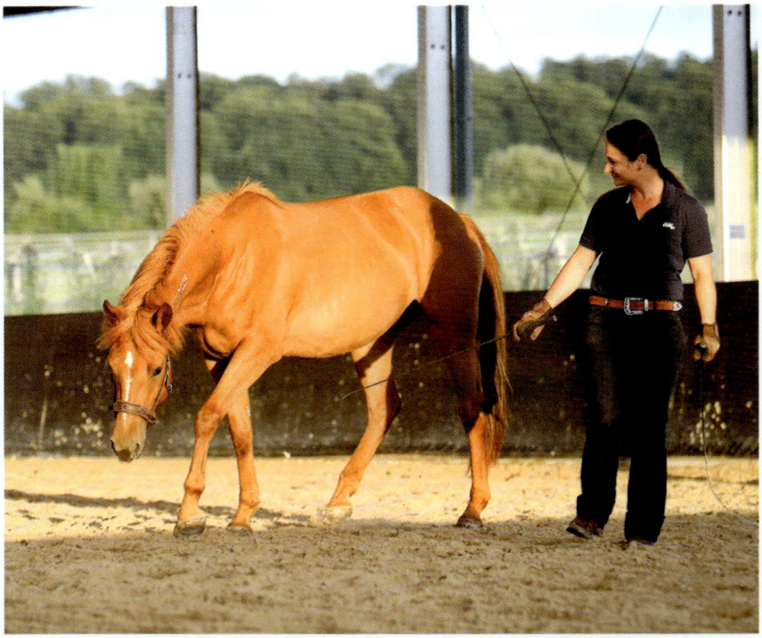

Auch beim ersten freien Zirkeln bleibt Mona bei mir. Sie versteht durch meine Köpersprache und das Zeigen mit der Gerte, was ich von ihr möchte.

Die Stute schenkt mir großes Vertrauen und bleibt entspannt liegen. Meine Berührungen scheint sie das erste Mal wirklich zu genießen.

Dann passiert es: Nach getaner Arbeit will sich Mona im feinen Hallensand wälzen und ich lasse sie gewähren. Sie kugelt sich genüsslich im Sand und bleibt anschließend ruhig liegen. Vorsichtig gehe ich zu ihr hin und sie macht keine Anstalten aufzustehen. Ich fange an, sie an Hals und Kopf zu streicheln und habe das erste Mal das Gefühl, dass sie es wirklich genießt!

Es vergehen Minuten eines ruhigen, entspannten und wirklichen Zusammenseins. Ein unglaublicher Moment!

WENN KEINE GEFAHR DROHT, LEGEN SICH PFERDE HIN

Immer bereit für die Flucht zu sein ist für ein Pferd lebenswichtig. Nur in absoluter Sicherheit und in dem Gefühl, eine Situation genau abschätzen zu können, zeigen sie das Komfortverhalten des Wälzens und bleiben danach auch gerne entspannt liegen. Ist die Lage entspannt und sind alle Artgenossen ruhig, kann sich ausgeruht und Energie getankt werden. Wenn ein Pferd in unserem Beisein entspannt liegen bleibt, zeigt dies, dass es sich sicher fühlt und wir bzw. die Situation ihm Schutz bieten.

DIE ERSTE FREIE ZIRKELACHT

Heute drehen wir ein Lehrvideo zum Thema »Lernen, Aufmerksamkeit und Kommunikation zwischen Mensch und Pferd«. Ich stelle dafür eine Kamera auf und erkläre zwischen den Übungen immer wieder in Ruhe, was ich mit der Mustangstute mache und warum etwas für die weitere Ausbildung wichtig ist.

Das Video dazu finden Sie auf der Seite www.viviangabor.de

Wir arbeiten mit Stangen, Pylonen und den schon bekannten Schwimmnudeln. An den Stangen können wir bereits ein paar Schritte seitwärts gehen. Die Stangengasse nutze ich dazu, ihr zu zeigen, dass sie im Rückwärts geradeaus gehen soll. Die Stangen rahmen dafür das Pferd gut ein und es hat eine optische Grenze, an der es sich orientieren kann. Nach den ersten Aufmerksamkeits-fördernden Übungen schicke ich Mona frei durch die Pylonengasse. Ich habe die Pylonen in Form eines Quadrates aufgestellt und kann Mona dadurch das erste Mal eine freie Acht zirkeln lassen. Jetzt kann ich also schon aus dem freien Zirkeln einen Handwechsel herbeiführen, nur dadurch, dass sie die Aufgaben miteinander verknüpft hat!

Ich bringe die bereits bekannten Schritte in eine Abfolge und mache Mona damit klar, was ich von ihr möchte.

DER OSTEOPATH KOMMT

Heute soll Mona das erste Mal von einem Osteopathen behandelt werden. Den Hufschmied hat sie recht gut akzeptiert. Sie am ganzen Körper zu berühren, ist immer noch eine Herausforderung. Selbst von mir ausgeführte Berührungen lösen bei ihr nach wie vor Unmut oder Abwehr aus. Vor allem, wenn meine Körperspannung zu hoch ist.

Vor der Behandlung arbeite ich mit ihr locker im Roundpen und lasse den Osteopathen dabei zusehen. Mona macht entspannt mit und ich arbeite am langen Zügel mit ihr. Danach lasse sich sie an der Aufstiegshilfe anhalten und lehne mich etwas über ihren Rücken – nur für einen kurzen Moment. Anschließend steige ich wieder vom Hocker herunter. Der Osteopath bekommt so ein erstes Bild davon, was wir bislang erarbeitet haben, und er sieht Mona auch in der Bewegung. Ich räume das Equipment weg und lasse den Osteopathen mit in der Roundpen kommen.

Auch hier entscheide ich mich bewusst dafür, die Untersuchung in dem ihr bekannten »Arbeitsbereich« stattfinden zu lassen. Bei der ersten Hufbehandlung war es die richtige Entscheidung.

Diesmal kommt es anders: Vielleicht sah die Arbeit mit ihr schon zu spielerisch und zu leicht aus. Der Osteopath tritt selbstverständlich an Mona heran und legt ihr zur Begrüßung – ohne Druck – die Hand auf den Rücken. In diesem Moment fährt ihr Kopf herum und sie versucht, ihn mit einem Biss abzuwehren. Der Osteopath – selbst ein sehr ruhiger und bedachter Mensch – hebt, um sich zu schützen, etwas die Hand und Mona macht einen Satz zur Seite. Mit dieser Überreaktion hatten wir beide nicht gerechnet. Es zeigt sich wieder, dass eine Berührung durch einen fremden Menschen auf sie noch bedrohlich wirkt. Wir beginnen noch einmal und ich bitte den Therapeuten, sich ihr passiv zu nähern.

Bei der zweiten sehr bewussten Annäherung akzeptiert Mona seine Berührung. Ich streichle sie währenddessen am Kopf. Der Osteopath soll sie heute nur sehr vorsichtig behandeln. An einem Vorderbein löst er mit einer leicht kreisenden Bewegung eine kleine Blockade. Mona empfindet dies als unangenehm, was sie deutlich durch Schnappen in seine Richtung zeigt. Wir belassen es bei einer kurzen Grundbehandlung, denn ich möchte nicht, dass diese neue Situation negativ belegt wird. Ich möchte auch nicht ihre Skepsis Fremden gegenüber fördern. Am Schluss streicht der Osteopath sie noch einmal in Ruhe ab, die Behandlung endet für Mona positiv.

DER ERSTE MONAT

1 2 3 4 5 6 7
8 9 10 11 12 13 14
15 16 17 18 19 20 21
22 23 24 25 26 27 28
29 30 31

DER ZWEITE MONAT

1 2 3 4
5 6 7 8 9 10 11
12 13 14 15 16 17 18
19 20 21 22 23 24 25
26 27 28 29 30

DER DRITTE MONAT

1 2
3 4 5 6 7 8 9
10 11 12 13 14 15 16
17 18 19 20 21 22 23
24 25 26 27 28 29 30
31

POSITIVES VERKNÜPFEN VON SITUATIONEN

Situationen mit einem positiven oder einem negativen Empfinden in Verbindung zu bringen, ist für das Pferd natürlicherweise lebenswichtig. Wenn wir Jungpferde in eine neue Situation bringen, sollte diese zumindest positiv enden, damit sie als angenehm abgespeichert werden kann. Wird sie hingegen mit etwas Negativem assoziiert, wird das Pferd sie zukünftig meiden, was bis hin zu Furcht vor bestimmten Situationen, Gegenständen oder Menschen führen kann.

DAS ERSTE AUFSITZEN

Das Satteln funktioniert jetzt schon am Putzplatz. Mona ist zwar im Roundpen entspannter, aber ich will auch Routine in den Alltag bringen. Sie soll merken, dass es normal ist, am Putzplatz gesattelt zu werden und sich auch dabei entspannen.

Beim Satteln darf die Mustangstute jeden Schritt mitverfolgen. Ihre Ohren richtet sie interessiert nach hinten.

1

2

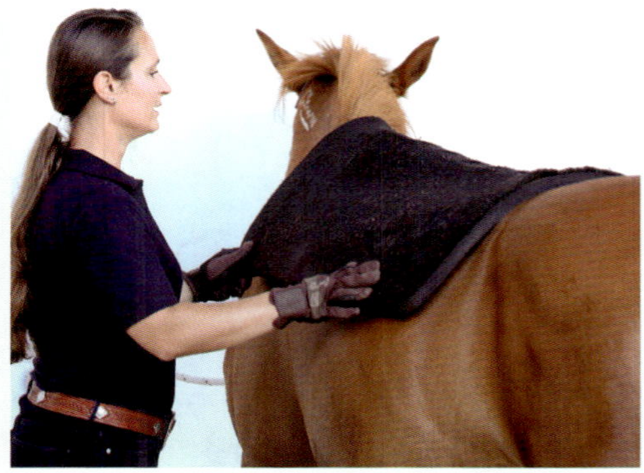

3

4

5

6

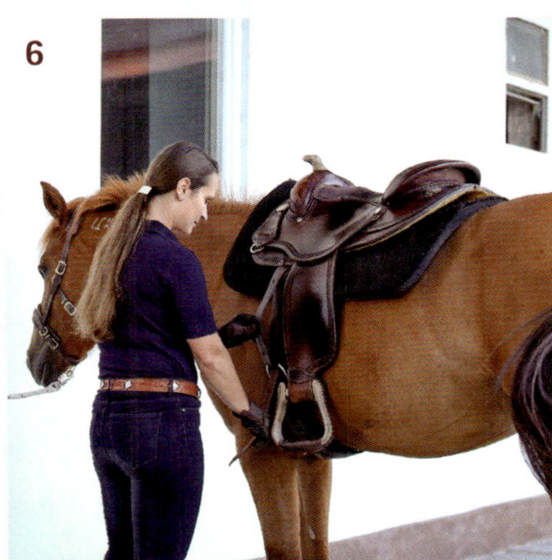

Auch das Fahren vom Boden klappt nun schon mit Lenken, Anhalten und ein paar Tritten rückwärts. Auf das Pendeln der Leinen senkt Mona auch aus meiner hinteren Führposition den Kopf und entspannt sich. Damit fühle ich mich gut vorbereitet auf das erste Aufsteigen. Auch das Drüberlegen von der Aufstiegshilfe aus, nimmt sie inzwischen entspannt hin. Durch leichtes Klopfen mit der Hand an ihrer Seite kann ich sie dazu veranlassen, den Kopf zu senken. Wenn sie mitmacht und sich dabei entspannt, nehme ich sofort den Druck raus und steige ab. Es folgt nach der Entspannung immer ein Lob. Würde ich sie in diesem Moment überfordern oder einfach weitermachen, würde ich wohl ihr Vertrauen verlieren.

PSYCHISCHE ÜBERFORDERUNG

Ein Jungpferd psychisch nicht zu überfordern, verhindert, dass es in den Zustand der »erlernten Hilflosigkeit« kommt. Vielen Reitpferden sieht man später an, dass sie es nicht gelernt haben, in eine Situation selbst einwirken zu können. Indem man das Kopfsenken zur Entspannung und zur aktiven Mitarbeit des Pferdes einführt, um selbst eine Situation zu beeinflussen, bekommt es das Gefühl, selbst mitentscheiden zu dürfen. Somit können wir verhindern, dass es sich psychisch überfordert fühlt, abschaltet und in den Zustand der »erlernten Hilflosigkeit« kommt (bei introvertierten Pferden) oder sich versucht, gegen den Druck zu wehren (bei extrovertierten Pferden).

Heute ist es soweit, ich möchte das erste Mal versuchen aufzusteigen. Nach unserer Vorarbeit habe ich das Gefühl, dass Mona entspannt an der Aufstiegshilfe steht. Ich lehne mich erst zweimal mit meinem Oberkörper über ihren Rücken und steige dann zunächst wieder von der Aufstiegshilfe runter. Wieder auf der Aufstiegshilfe nehme ich das Bein über den Sattel. Ich bleibe noch etwas mit dem Oberkörper nach vorne Richtung Hals gelehnt, um mich nicht zu schnell aufzurichten. Ich habe ihr schon durch Bewegungen von der Aufstiegshilfe aus gezeigt, dass es vorkommen kann, über ihr zu agieren. Das hat sie problemlos toleriert. Dennoch könnte es jetzt in Kombination mit dem neuen Gewicht auf ihrem Rücken dazu führen, dass sie sich anders verhält. Langsam richte ich mich auf, lobe sie dabei und pendle locker mit den Beinen. Ich sitze völlig entspannt auf ihr und es klappt tatsächlich: Mona senkt das erste Mal direkt nach dem ersten Aufsteigen den Kopf! Die Übertragung des Gelernten hat also hervorragend geklappt. Ich steige sofort wieder ab.

DIE ERSTEN SCHRITTE UNTER DEM SATTEL

Das erste Mal Aufsitzen und das erste Mal Losreiten sind für mich zwei unterschiedliche Dinge. Das erste, was das Pferd verstehen und dabei entspannt bleiben muss, ist: Es sitzt jemand auf mir und es passiert mir nichts. Das Losreiten ist nochmal eine komplett andere Sache. Wenn sich – wie oben schon beschrieben – das Objekt auf seinem Rücken sogar mitbewegt, könnte das beim Pferd Panik auslösen.

Ich habe die ersten Schritte im Sattel von unten vorbereitet, indem ich ein Kommando für das Schrittgehen etabliert habe: das leichte Berühren über die Gerte und das Kommando »Schritt«. Das hat Mona bereits bei der Langzügelarbeit kennengelernt und verknüpft. Somit hoffe ich, dass sie sich beim ersten Losreiten auf dieses Signal einlässt, ein paar Schritte geht und ich sie auch wieder anhalten kann, was ich ihr ebenfalls am Langzügel gezeigt habe.

Ich möchte nicht in die Situation kommen, dass das Pferd unter mir Angst bekommt und ich nicht mehr absteigen kann. Aus diesem Grund war es mir im Vorfeld so wichtig, dem Pferd die Grundlagen von Lenken und besonders von Anhalten beizubringen. Nun wird sich zeigen, ob das Gelernte bereits so gefestigt ist, dass Mona dies auch auf diese neue Situation – mit mir auf ihrem Rücken – überträgt.

Ich steige wie am Tag zuvor von der Aufstiegshilfe aus auf. Sie ist ruhig und lässt mich gewähren. Ich schaffe es erneut, dass Mona im Stehen ihren Kopf absenkt. Alles ist ruhig. Ich halte die Gerte in einer Hand, berühre sie leicht von hinten und sage das Wort: »Schritt.« Die erste Berührung von oben mit der Gerte wird von ihr anders als vom Boden aus gedeutet und sie macht erschreckt einen kleinen Satz nach vorne. Ich versuche, mich sofort wieder zu entspannen und ihr keine Angst zu vermitteln. Dieser Moment ist sehr sensibel. Wenn nun etwas schief geht, könnte sie das für immer mit dieser Situation in Verbindung bringen. Mein Ausatmen, verbunden mit einem lang gezogenen »Haalt«, und das Annehmen der Zügel veranlasst sie, stehen zu bleiben und ich kann sie wieder beruhigen. Ich wiederhole mit leicht schwingenden Beinen und einer leichten Berührung durch die Gerte den Versuch, im Schritt loszugehen. Diesmal geht sie ein paar ruhige Schritte und ich kann sie anhalten. Ich bin froh, dass wir dies so gut gelöst haben! Ich lobe sie, steige ab und lasse es für heute gut sein.

DIE ERSTEN ERFAHRUNGEN DES PFERDES MIT DEM REITER

Allzu oft wird das Anreiten des Jungpferdes so gestaltet, dass es für das Pferd nebenbei passiert. Dabei longiert eine Person das Pferd, eine andere hält es fest und eine dritte versucht möglichst schnell auf das Pferd hinaufzukommen. Das Pferd hat so nicht die Möglichkeit, auf einen Menschen als Reizgeber zu achten und zu ihm Vertrauen aufzubauen. Das Ergebnis ist, dass das Pferd losstürmt oder sich wehrt und derjenige, der oben drauf sitzt, nur die Aufgabe hat, sich festzuhalten. Gleichzeitig wird versucht, das Pferd weiter zu longieren. Diesen sensiblen Moment des ersten Menschen auf seinem Rücken, speichert das Pferd sicherlich mit einer negativen Empfindung ab. In diesem Moment überfordert worden zu sein und dadurch Furcht vor demjenigen auf seinem Rücken zu empfinden und sich zudem nicht wirklich wehren zu können, kann sich durch das gesamte Pferdeleben hindurchziehen. Das ist kein solider Start. Das Anreiten sollte schrittweise erfolgen und möglichst entspannt ablaufen. Nur so kann das Pferd etwas Positives damit assoziieren.

EIN KLEINER SCHRECKMOMENT

Aufsitzen und Losreiten übe ich bislang im Roundpen, der uns beiden Sicherheit vermittelt. Durch die feste Umzäunung und den begrenzten Bereich muss ich nicht befürchten, dass ich die Situation nicht kontrollieren kann, wenn Mona doch mal fliehen sollte. In diesen Zustand will ich gar nicht erst kommen.

Wenn ich sonst Pferde anreite, können wir täglich ein paar Schritte mehr machen. Ich fange vor dem ersten Trab an, schon ein paar Kurven im Schritt zu lenken und arbeite nach und nach zum Trab hin. Mona hat heute anderes im Sinn, als in Ruhe etwas Schritt mit mir zu gehen!

In dem Moment als ich ins Vorwärts mit ihr möchte, schaltet sie direkt zwei Gangarten höher. Sie trabt erst an und setzt dann in den Galopp. Ein Schreckensmoment, auch für mich! Tatsächlich ist es mir bislang mit keinem Jungpferd passiert, dass es nach ruhigen Momenten in der Vorbereitung von sich aus in die schnellere Gangart wechselt. Nach einer Runde Galopp – ohne Buckeln oder Gegenwehr – schaffe ich es, mich zu entspannen und Mona – immer wieder die Zügel leicht annehmend – wieder in den Schritt zu bekommen. Unseren ersten Galopp, der erst später hätte passieren sollen, haben wir nun schon hinter uns gebracht!

Ich bringe nun wieder etwas mehr Ruhe rein, lasse sie Schritt gehen, halte an, wiederhole dies noch einmal und steige dann ab. In dieser Form stelle ich mir das Anreiten vor. Auch wenn wir etwas über das Ziel hinausgeschossen sind (im wahrsten Sinne des Wortes), ist Mona nun ganz ruhig. Hier zeigt sich, dass das Wildpferd in ihr es nicht einfach hinnimmt, ohne weiteres vom Menschen geritten zu werden.

DER ZWEITE MONAT

WOCHE 1

WIR PLANEN UNSEREN ERSTEN AUSFLUG

Wir fahren in den Harz nach »Pullmann City«. Ich wurde mit zwei weiteren Mustang-Trainern dorthin eingeladen, um die Mustangs vorzustellen. Zusätzlich haben wir die Möglichkeit, mit unseren schon erfahrenen Pferden, Lehreinheiten zur Pferdeausbildung zu demonstrieren. Das heißt, Mona muss ihren ersten Ausflug nicht ganz alleine bestreiten, sondern mein erfahrener und zuverlässiger Criollo-Wallach Pablo kommt ebenfalls mit.

Ich stelle Pablo zuerst auf den Hänger und siehe da, Mona lässt sich schnell überzeugen, ebenfalls einzusteigen. Ich frage mich, wie sie sich in der neuen Umgebung verhalten wird. Wird sie dort genauso schnell »ankommen« wie bei uns zu Hause? Oder ist dies alles noch zu viel für sie? Das alles geht mir durch den Kopf, als wir auf dem Weg zu unserem ersten kleinen Abenteuer sind.

Im Harz angekommen, beziehen wir unsere Gastboxen. Eine übliche 3-mal-4-Meter-Box, aber für Mona der kleinste Raum, auf dem sie je untergebracht war. Sie ist erstaunlich gelassen und ich zeige ihr die Halle, in der am nächsten Tag die Trainings-Vorführung stattfinden wird. Dies ist die erste geschlossene Halle für sie. Sie achtet sehr gut auf mich und alle Bodenarbeits-Übungen lassen sich abrufen: Das Weichen der Vor- und Hinterhand, Longieren am Bodenarbeitsseil und sogar das Seitwärts-auf-mich-Zukommen klappen wunderbar. Sie ist konzentriert auf mich, obwohl die Umgebung völlig neu für sie ist, was sie nicht zu stören scheint.

Unser erster gemeinsamer Ausflug: Wir sind angekommen in der Westernstadt.

Die Halle lernen wir zunächst ohne Zuschauer und in aller Ruhe kennen. Mona nimmt alles sehr gelassen.

DER ERSTE AUFTRITT VOR PUBLIKUM

Das Publikum sitzt bereits in der Halle, als wir Trainer mit unseren drei Mustangs die Halle betreten. Es herrscht nun eine andere Stimmung wie am Abend zuvor, als wir entspannt in der Halle trainiert haben. Dies merke ich sofort an Mona. Sie ist anfangs sehr angespannt und als sie das Klatschen des Publikums hört, startet sie einige Male durch. Ich versuche, ruhig und so entspannt wie möglich zu bleiben und die Dinge, die sie kennt, abzurufen. Damit möchte ich ihr Sicherheit vermitteln. Auch wenn sich die Umgebung nun geändert hat, soll es für sie weiterhin stabile Komponenten geben: mich und die Signalabfolge der Übungen, die sie kennt. Tatsächlich braucht es keine fünf Minuten und die Stute fängt an, entspannter und konzentrierter mit mir zu arbeiten. Wir zeigen die weichenden Übungen und die Arbeit mit Pylonen und Stangen. Ich erkläre dem Publikum, worauf es mir dabei ankommt und was für Erfahrungen wir bereits miteinander gesammelt haben.

Ich möchte nur die Dinge zeigen, bei denen wir beide schon sicher sind und uns wohl fühlen. Sie jetzt schon vom Sattel aus vorzustellen, wäre noch zu früh. Ich würde ein zu hohes Risiko eingehen, dass etwas nicht funktioniert. Wenn Mona in diesem Augenblick etwas negativ verknüpfen würde, müsste ich wieder viele Schritte im Training zurückgehen. Womöglich würde ich das gut aufgebaute Vertrauen zunichtemachen.

Mona entspannt sich in der neuen Atmosphäre immer mehr. Wir können unsere Arbeit vom Boden zeigen und erklären.

Das Einzige, was sie noch skeptisch werden lässt, ist das Klatsch-Geräusch. Dies ist eine Energie, die sie bislang nicht kennen gelernt hat und bringt sie durcheinander. Aber wir schaffen es, uns immer wieder zu entspannen und uns aufeinander zu konzentrieren.

Die nächsten Tage funktionieren schon etwas routinierter und ich merke, dass mein älterer Wallach viel nervöser in der Vorführung ist als die Mustang-Stute. Ihre Box findet Mona allerdings nicht besonders gut. Sie ist in der Box sehr angespannt und beim Wasser-Reinbringen und Misten will sie mich am liebsten gar nicht in der Box haben. Dieser für sie so enge Bereich schränkt sie zu sehr ein und nimmt ihr jegliche Übersicht und Fluchtmöglichkeit.

Wir erkunden die Westernstadt und Mona trifft auf ihre alten Bekannten.

Sie kommt hier mehr und mehr in eine grundlegende Abwehrhaltung. Aber alles Neue nimmt sie neugierig an. Beim Gang durch die Westernstadt fühlt sie sich wohl.

DER ERSTE MONAT

1	2	3	4	5	6	**7**
8	9	10	11	12	13	**14**
15	16	17	18	19	20	**21**
22	23	24	25	26	27	**28**
29	30	31				

DER ZWEITE MONAT

			1	2	3	4
5	6	7	8	9	10	**11**
12	13	14	15	16	17	**18**
19	20	21	22	23	24	**25**
26	27	28	29	30		

DER DRITTE MONAT

					1	**2**
3	4	5	6	7	8	**9**
10	11	12	13	14	15	**16**
17	18	19	20	21	22	**23**
24	25	26	27	28	29	**30**
31						

GENERALISIEREN: DAS GELERNTE AUF NEUE ORTE ÜBERTRAGEN

Das zuvor Gelernte, jetzt woanders abzurufen, zeigt, ob die Lerninhalte bereits gefestigt sind. Gelerntes auf andere Situationen zu übertragen nennt man »Generalisieren«. Pferde sind dazu fähig und wir können damit fördern, dass die Lerninhalte immer weiter stabilisiert werden.

Nach diesem Wochenende bin ich froh, dass ich diesen Ausflug tatsächlich gewagt habe. Alles ist positiv gelaufen. Kleine Boxen sind für sie eine Herausforderung, aber durch ihre Neugierde ist Mona immer bereit, die Welt zu erkunden. »Pullmann City« war wie eine kleine Generalprobe für das Mustang Makeover, zu dem es in ein paar Wochen gehen wird.

MIT SPANNUNG UND ENTSPANNUNG VOM SATTEL AUS ARBEITEN

Das Jungpferd soll die Signale des Menschen verstehen und differenzieren können. Ein wichtiges Signal von Pferden untereinander, aber auch zwischen Mensch und Pferd, ist die Körperspannung. Das Pferd nimmt natürlicherweise die Körperspannung des Reiters wahr. Dem Jungpferd kann man sehr gut beibringen, dass das Anspannen der Muskulatur nichts Bedrohliches ist, sondern ein Signal dafür, diese Grundspannung zu übernehmen, zum Beispiel für das Vorwärts. So hat das Bein in seinen verschiedenen Positionen eine Signalwirkung für das Einrahmen und die Lenkung. Indem der Reiter eine körperliche Grundspannung mit diesem Signal kombiniert, zeigt er an, mit wie viel Dynamik die Aufgabe ausgeführt werden soll.

LENKEN VOM SATTEL AUS

Mir ist es sehr wichtig, wenn ich vom Sattel aus mit dem Pferd arbeite, Lenkung und Anhalten zu beherrschen. Ich möchte nicht, dass das Reiten in einer angespannten oder Angst erfüllten Situation endet. Durch die vorbereitende Langzügel-Arbeit kann ich heute, wo ich das dritte Mal auf Mona sitze, schon kleine Kurven reiten. Mit leichten Paraden am inneren Zügel, einem Pendeln des äußeren Beines und durch Berühren der Gerte an der Schulter – was sie vom Boden aus kennt – schaffen wir unsere erste Kurve im Schritt. Zur Belohnung halte ich zwischendurch immer wieder an und lasse sie durch das Signal meiner locker pendelnden Beine den Kopf senken. Schön zu sehen, wie sie versteht, was ich von ihr möchte.

Ich bin dabei, vom Sattel aus mit Körperanspannung und -entspannung zu arbeiten. Ich möchte Mona gezielt durch Erhöhung der Grundspannung in den Trab bringen, mit Entspannung und gleichzeitigem Ausatmen wieder in den Schritt. Mona nimmt meine Körperspannung sehr wohl wahr, es ist bei ihr aber nicht so einfach, sie in ein Vorwärts zu bekommen. In ihr ist fest verankert, Energie nur freizusetzen, wenn es wirklich nötig ist. Umso präziser muss ich mit meinen Signalen umgehen und Mona dazu motivieren, mehr Energie einzusetzen.

Da ich weder mit dem Bein klopfen oder mit der Muskulatur pressen möchte, reite ich Jungpferde immer mit Gerte an. Dies ist für mich und das Pferd eine feine Hilfe, neue Signale von oben verständlich zu erklären. Wenn Sie also meine erhöhte Körperspannung nicht direkt ins Vorwärts bringt, tippe ich sie an der Hinterhand etwas mit der Gerte an. Wie vom Boden auch, löse ich den Druck – also die

Körperspannung – sofort, sobald sie diese richtig umgesetzt hat. Falsch wäre es bei solch einem feinen Pferd, mit Spannung dranzubleiben. Dies würde dazu führen, dass sie irgendwann entweder gar nicht mehr vorwärtsgeht oder damit anfängt, sich zu wehren. Wir schaffen es immer mal wieder in den Trab zu kommen. Ich lobe sie im Moment des Antrabens immer mit meiner Stimme und entspanne etwas dabei. Diese Verstärkung soll für sie ein immer größerer Anlass werden, motiviert ihre Energie ins Vorwärts umzusetzen – auch wenn natürlicherweise keine Gefahr für eine Flucht droht. Sie versteht sehr schnell, dass das, was sie noch weniger als Energieverschwendung zu vermeiden versucht, nämlich Druck, sich sofort löst, soald sie in den Trab fällt. Ich bin sehr zufrieden für heute mit unseren ersten Lenkversuchen und den ersten Schritt-Trab-Übergängen.

DAS ERSTE MAL GAMASCHEN

Ich habe mit dem Anlegen von Gamaschen bei Mona noch etwas gewartet. Ihre Reaktion bei Berührungen an den Beinen waren anfangs recht stark. Wenn etwas ihre Beine umschließt und an ihr dranbleibt, könnte

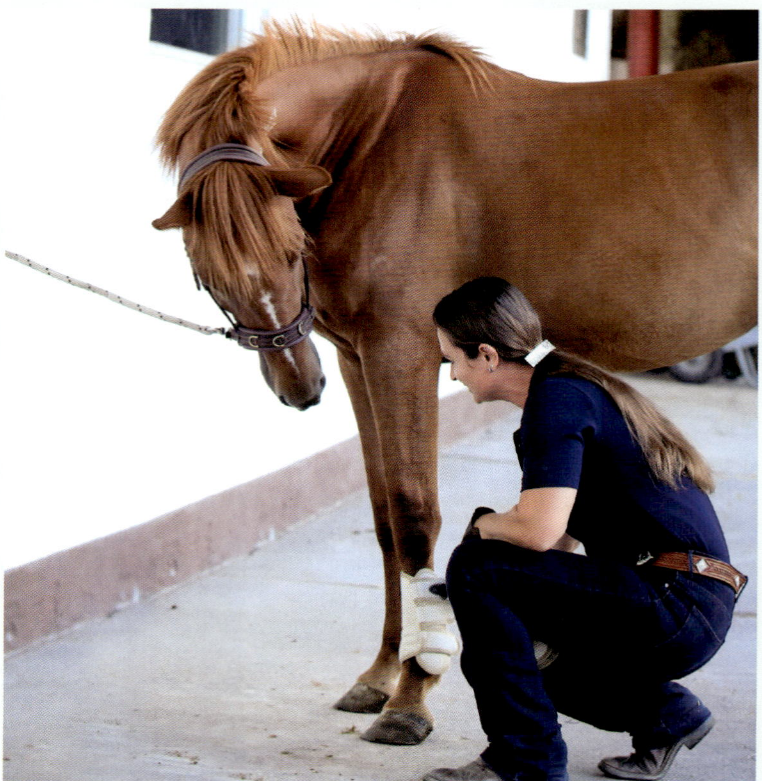

Die Mustangstute nimmt das Anlegen der Gamaschen gelassen. Nach ihren anfangs heftigen Reaktionen bei Berührungen an den Beinen, ist dies ein unglaublicher Fortschritt.

ich mir vorstellen, dass sie das nicht so einfach tolerieren wird. Ich streiche sie vorsichtig an der Schulter, dann an den Beinen bis zur Fessel mit den geöffneten Gamaschen ab. Ich tue so, als würde ich ihr die Gamaschen dranmachen, schließe sie aber nicht. Ich kann sie so im richtigen Moment wegnehmen, wenn Mona die Berührung nicht zulässt. Zu meinem Erstaunen scheint inzwischen auch das Umschließen der Beine für sie kein Problem mehr darzustellen. Sie befindet sich am Anbindeplatz, ist aber nicht festgebunden. Da ich nicht weiß, wie sie reagiert, wäre es viel zu gefährlich, wenn sie vorne fest wäre. Nachdem ich beide Gamaschen angelegt habe, gehe ich ein paar Runden mit ihr. Und siehe da: Es scheint ihr tatsächlich nichts auszumachen!

Das habe ich bei anderen Jungpferden schon ganz anders erlebt. Entweder gehen sie wie Störche oder suchen beim Anblick der Gamaschen das Weite. Schön, dass schon dieses Vertrauen zwischen uns herrscht.

LENKEN IM TRAB

Ich gewöhne Jungpferde an das Reiten, an die Lenkung im Schritt und im Trab wie gesagt am liebsten im Roundpen. Dieser optisch geschützte Bereich stellt für das Pferd in der Anreitephase einen positiv verknüpften Raum dar. Wie ein »Lernzirkel«, bei dem es zwar immer wieder etwas Neues zu entdecken gibt, aber der niemals negativ behaftet bleibt. Hier im Roundpen kann ich die grundlegenden reiterlichen Hilfen dem Pferd verständlich machen.

WARUM DIE ARBEIT IM ROUNDPEN ANFANGS EINFACHER IST

Wenn das Pferd am Boden bereits gelernt hat, diesen »Arbeitsbereich« mit Entspannung und Lob zu verbinden, kann man besonders neue Dinge hier gut zeigen. Wenn das Pferd einen Ort grundsätzlich als angenehm empfindet, sind zunächst neue Reize und Situationen besser und schneller in Entspannung umzusetzen, als wenn die Umgebung an sich schon Skepsis hervorruft. Durch die stabile Umzäunung des Roundpen mit Blick nach draußen entsteht keine Enge. Wenn das Jungpferd flüchten möchte, ist dies innerhalb des Zirkels auch vom Sattel aus einfacher zu handhaben, als in einer großen Halle. In der Halle kann das Pferd unter Umständen längere Strecken geradeaus rennen. Wenn es hier erst einmal Geschwindigkeit aufnimmt, kann es für Mensch und Tier gefährlich werden. Sobald das Pferd den Reiter akzeptiert und verstanden hat, was seine Signale bedeuten, wäre die Halle mit ihrer Weite die nächste Herausforderung. Meiner Meinung nach sollten das Lenken, das Anhalten und die Grundgangarten schon beim Pferd abrufbar sein, bevor man das erste Mal in der Halle reitet. Auch hier gilt der pädagogische Grundsatz: vom Leichten zum Schweren. Überfordet man das Pferd anfangs zu stark, sind viele Rückschritte vorprogrammiert. Werden Aufsteigen und Reiten anfangs grundsätzlich mit etwas Negativem verbunden, hält sich das mitunter ein ganzes Pferdeleben lang.

DAS ERSTE REITEN IN DER HALLE

Heute wird sich zeigen, ob Mona und ich uns schon soweit verständigen können, dass sie das Gelernte in die Reithalle übertragen kann. Vor dem Aufsteigen baue ich noch einen kleinen Parcours auf. Mona kennt die Stangen- und die Pylonengasse bereits. Ich baue diese auf einer großen Zirkellinie auf. So kann ich sie auf der einen Seite gleich mit einer bekannten Aufgabe beschäftigen, auf der anderen Seite die bekannte gerittene Zirkellinie des Roundpen in die Halle übertragen. Ich nutze Bekanntes, um ihr Sicherheit zu geben.

Das Aufsteigen an der Aufstiegshilfe klappt gut. Ich stelle sie nicht direkt in die Ecke, sondern etwas weiter in die Halle rein. Ich kann Mona am Holzhocker »parken«, indem ich mich auf diesem leicht zurücklehne.

Nach dem Aufsteigen lasse ich Mona ruhig stehen. Das Aufsteigen und Losreiten soll nicht mit Hektik verknüpft sein.

DER ERSTE MONAT

1 2 3 4 5 6 **7**
8 9 10 11 12 13 **14**
15 16 17 18 19 20 **21**
22 23 24 25 26 27 **28**
29 30 31

DER ZWEITE MONAT

1 2 3 4
5 6 7 8 9 10 **11**
12 13 14 15 16 17 **18**
19 20 21 22 23 24 **25**
26 27 28 29 30

DER DRITTE MONAT

1 **2**
3 4 5 6 7 8 **9**
10 11 12 13 14 15 **16**
17 18 19 20 21 22 **23**
24 25 26 27 28 29 **30**
31

Durch diese Gestik »ziehe« ich sie seitwärts auf mich zu, wie sie es schon aus der Seitwärtsübung vom Boden kennt. Ich halte die Gerte in meiner rechten Hand und mache kreisende Bewegungen mit ihr. Das reicht als Druckverstärkung inzwischen völlig aus.

Wie bisher im Roundpen auch, steige ich ruhig auf. Vor dem Losreiten lasse ich Mona zunächst einmal stehen. Durch leichtes Schwingen mit den Beinen lasse ich sie den Kopf senken, worauf ein Lob folgt. Dann reite ich los: Ich gebe die Stimmhilfe »Schritt«, erhöhe meine Körperspannung und Mona überträgt das Ganze in eine Vorwärtsbewegung. Ich steuere direkt die erste Stangengasse an. Kurz vor der Stangengasse gebe ich das Kommando: »Durch«. Sie kennt die Stimmhilfe bereits. Neu ist, dass ich dabei auf ihr sitze. Ich halte sie auf einem großen Zirkel, lasse sie mal durch eine Gasse oder über die Stangen gehen. Immer wieder lasse ich Mona anhalten. Dabei sitze ich ein, kippe das Becken ab, löse die Beine etwas und sage beim Ausatmen »Haalt«. Es zeigt sich, dass die Vorarbeit gut gelungen ist. Sie bleibt auch in der Halle bei den ersten Schritten unter dem Sattel konzentriert bei mir. Ich bin froh, dass das so schön geklappt hat und sie mir jeden Tag etwas Neues schenkt, was sie dazulernt!

Was ich nie mit einem jungen Pferd mache, ist direkt ganze Bahn zu gehen, wenn ich das erste Mal in der Halle aufsitze. Dies bedeutet oft eine Überforderung für das Pferd und die Konzentration schweift von mir ab. Die Lenkung ist vielleicht noch nicht zu hundert Prozent installiert und es können, wie oben erwähnt, gefährliche Situationen entstehen.

DER ERSTE MONAT

1 2 3 4 5 6 **7**
8 9 10 11 12 13 **14**
15 16 17 18 19 20 **21**
22 23 24 25 26 27 **28**
29 30 31

DER ZWEITE MONAT

1 2 3 4
5 6 7 8 9 10 **11**
12 13 14 15 16 17 **18**
19 20 21 22 23 24 **25**
26 27 28 29 30

DER DRITTE MONAT

1 **2**
3 4 5 6 7 8 **9**
10 11 12 13 14 15 **16**
17 18 19 20 21 22 **23**
24 25 26 27 28 29 **30**
31

WARUM NICHT GLEICH GANZE BAHN?

Dass das Pferd in der Lage ist, sich auf den Menschen, der auf seinem Rücken sitzt, zu konzentrieren, ist einer der wichtigsten Punkte beim Anreiten. Wenn man Übungen vom Boden in den Sattel überträgt, wird Bekanntes mit Neuem verknüpft und somit die Aufgabe schneller erlernt. Dies beinhaltet außerdem, dass das Pferd sich auf diese Aufgabe und die Reizgebung des Reiters konzentriert. Wenn das Pferd auch noch gelernt hat, vor dem ersten Aufsteigen auf einen Druck der Zäumung nach unten, links und rechts nachzugeben, schafft man es auf einer gebogenen Linie besser, die erste Nachgiebigkeit von oben zu erhalten. Im Geradeaus fällt das den jungen Pferden anfangs noch viel zu schwer. Wenn ich Jungpferde gleich ganze Bahn reiten würde, wären sie viel zu abgelenkt von der Umgebung und würden körperlich auf der Geraden zunächst einmal auseinanderfallen und ins »Schwimmen« geraten. Diese Verunsicherung kann man vermeiden, wenn man für die Psyche und Physis vom Leichten zum Schweren arbeitet und somit auch vom Bekannten zum Neuen. Das Geradeausreiten und das Reiten auf dem ersten Hufschlag der ganzen Bahn erfolgt erst im Laufe des Trainings – vielleicht sogar erst nach einigen Wochen.

Der Einwand, Jungpferde müssten eine Anlehnung an der Bande finden, ist insofern sicherlich richtig, da ihnen ein Rahmen hilft. Ich bereite diese notwendige Sicherheit durch die Arbeit im Roundpen vor und übernehme dann als Reiter diese stützend-sichernde Funktion durch die einrahmende äußere Hilfe. Auf diese Weise ist es möglich, dass das Jungpferd zunächst einmal Balance lernt, bevor es auf die schwierige Gerade geht.

Nach getaner Arbeit wälzt sich Mona gerne genüsslich. Sie vertraut mir und ich darf zu ihr. Hier genießt sie mehr und mehr auch die Berührung.

Ich bin sehr zufrieden mit unserem ersten geglückten Versuch in der Halle. Ich sattle Mona ab, mache noch ein paar Übungen in der Freiarbeit mit ihr und lasse sie sich dann wälzen. Dies macht sie unglaublich gerne. Anschließend bleibt sie immer noch ein paar Minuten liegen und ruht sich aus.

GEWÖHNUNG AN DEN STROMZAUN

Pferde müssen lernen, innerhalb eines Stromzaunes zu bleiben, das ist für ihre eigene Sicherheit und die Sicherheit ihrer Umwelt unerlässlich. Wenn ein Pferd die ersten Jahre in der Wildnis verbracht hat und als Abgrenzung nur stabile Panels kennt, stellt ein Stromzaun eine Herausforderung dar. Ich lasse Mona innerhalb eines Stromzaunes an der Hand grasen. Ich habe sie auch schon los gemacht und um mich herumlaufen lassen. Bislang war das Gras für sie interessanter, als sich mit dem Stromzaun zu beschäftigen. Heute führe ich sie am Strick am Zaun entlang.

Wie es passieren muss – das war auch mein Hintergedanke –, berührt sie zufällig mit dem Maul den Zaun und bekommt einen Stromschlag. Mona zuckt am Strick zurück. Daraufhin mache ich den Strick los und lasse sie in meinem Beisein – die zunächst kleine abgesteckte Wiese – erkunden.

Dann folgt ein großer Schreck, sie berührt erneut den Zaun. Anstatt zurückzuweichen, läuft sie dem Druck entgegen. Sie kann diesen Schmerzreiz nicht verstehen, was bei ihr eine Flucht nach vorne auslöst! Alles geht sehr schnell, und bevor ich mich versehe und sie in Ruhe an den Strick nehmen kann, läuft sie in Richtung des geschlossenen Ausgangs. Sie bekommt erneut einen Stromschlag und geht durch den Zaun hindurch. Die Stute läuft in Richtung ihrer Box quer über den Hof. Mein Gedanke ist zunächst, dass sie bei ihrem Boxennachbarn stehen bleibt, aber so ist es nicht, sie läuft weiter und geht durch das offene Hoftor hinaus – ganz in Ruhe, ohne Panik. Unser Hof liegt außerhalb in einladender Landschaft. Nun heißt es für mich, schnell zu handeln. Ich schnappe mir ihren Futtertrog mit etwas Pellets darin und schaue, dass ich zügig hinter ihr herkomme, ohne sie anzutreiben.

Was wird passieren? Am nächsten Grasbüschel bleibt sie stehen und frisst, schaut zu mir zurück, denkt sich aber dann, dass die neu gewonnene Freiheit doch vielleicht interessanter sein könnte. In Ruhe geht sie vor mir weiter. Zum Glück schaffe ich es, sie zu überzeugen, dass in dem Trog, den ich dabeihabe, etwas Schmackhaftes ist. Sie kommt nach kurzer Überlegung auf mich zu, und ich kann sie ans Halfter nehmen. Da unser Hof nicht komplett eingezäunt ist und ich befürchte, dass es erneut zu solch einer Situation kommen kann, entschließe ich mich, sie weiter an der Hand grasen zu lassen. Bei den neuen Besitzern wird es nötig sein, sie in einer festen Umzäunung mit innerer Stromlitze daran zu gewöhnen. Ich entschließe mich, dieses Thema hintenanzustellen und ihr dafür noch Zeit zu geben.

WARUM DRUCK GEGENDRUCK ERZEUGT

Einem Fluchttier, das einen Druck, also eine vermeintliche Bedrohung, sehr nah an sich spürt, bleibt nicht mehr die Chance, zu fliehen. Es hat nur noch die Möglichkeit, diesen Druck mit Gegendruck oder mit Abwehr zu beantworten. Dies kann auch bei der ersten Begegnung mit dem Stromzaun passieren. Wenn Pferde nicht von Fohlenalter an gelernt haben, sich von einem Stromschlag zurückzuziehen, kann es dazu führen, dass diese Begegnung zu einer Fluchtreaktion nach vorne führt – in den Druck hinein. Bei erwachsenen Pferden macht es daher Sinn, einen fest eingezäunten Bereich mit einer inneren Stromlitze zu versehen. Die feste äußere Begrenzung hält das Pferd davon ab, in den Druck hineinzulaufen und eher die Lösung im Zurückweichen zu suchen.

WOCHE 2

»TAG DER OFFENEN TÜR«

Morgen ist es soweit, mehrere 100 Leute werden kommen und einem weiteren, öffentlichen Mustangtraining beiwohnen. Nele ist heute bereits mit ihrem Trainingsanhänger angereist, den wir morgen zusammen mit der Mustangstute in der Vorführung präsentieren wollen. Dieser Hänger ist meiner Meinung nach eine geniale Erfindung. Man kann bei ihm alle Wände einzeln aufklappen und so dem Pferd schrittweise das Aufsteigen auf eine Rampe und das Hineinsteigen in den Anhänger erklären.

Heute Abend probieren wir den Anhänger mit Mona in der Halle aus. Sie zeigt sich gleich sehr neugierig. Alle vier Wände sind heruntergeklappt und der Anhänger wird dadurch zu einem großen Podest. Sie lässt sich direkt davon überzeugen, mit mir gemeinsam auf diese Erhöhung zu steigen. Die Aussicht von da oben scheint ihr zu gefallen. Ich habe Mona am Strick und fange an, sie hoch und immer mehr vorauszuschicken. Wir können nach und nach die Wände hochklappen, Mona scheint sich nicht daran zu stören. Sie lässt sich frei durch die »Wandgasse« schicken und macht die spielerischen Übungen am Anhänger sehr gut mit. Das ist unsere Generalprobe vor dem öffentlichen Auftritt morgen.

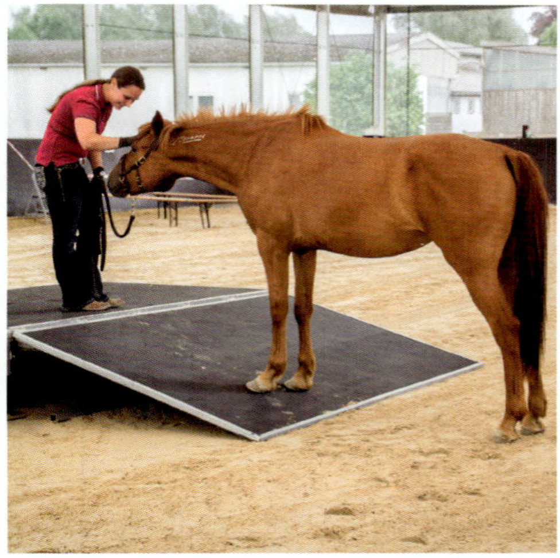

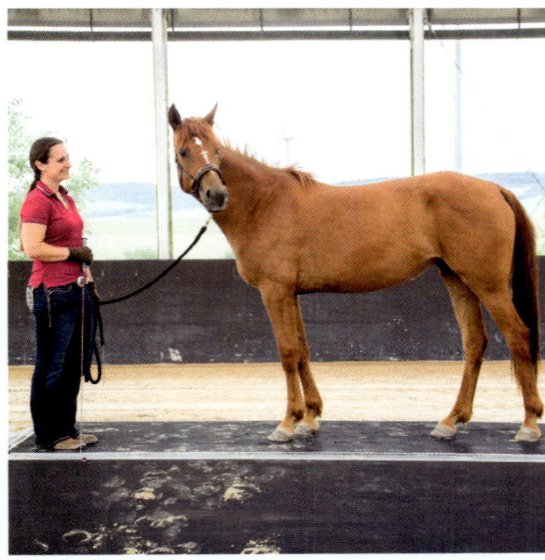

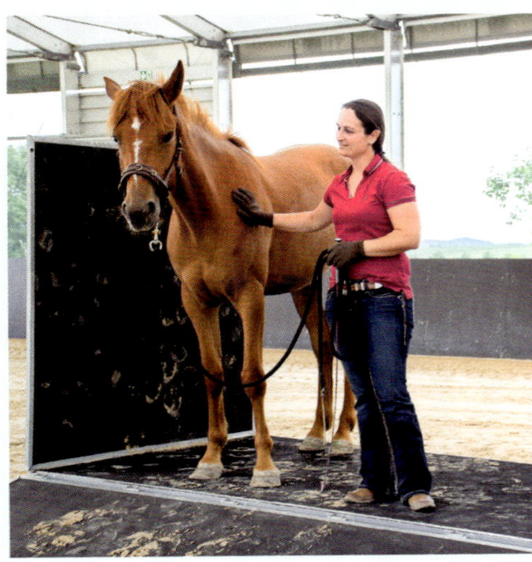

Das Video dazu finden Sie auf der Seite **www.viviangabor.de**

Wir erkunden in Ruhe das neue Objekt. Mona scheint die neue Aussicht als angenehm zu empfinden. Das Hochklappen der Wände nimmt sie gelassen hin.

WENN SICH DIE GEWOHNTE UMGEBUNG ÄNDERT

Oft wundern sich Menschen, dass ihre Pferde bei einer Veranstaltung auf dem eigenen Hof viel nervöser sind, als wenn sie mit ihnen ganz woanders hinfahren. Das liegt daran, dass sich die gewohnte Umgebung der Pferde verändert. Den Unterschied zwischen dem Gewohnten und einer kleinen Veränderung nehmen Pferde sehr deutlich wahr. Auf einem anderen Platz, wo sowieso alles neu ist, kommt diese Veränderung nicht zum Tragen. Eine komplett neue Situation scheint für das Pferd oft einfacher zu sein, als wenn sich das gewohnte Umfeld zuhause ändert. In dieser Situation sollte man dem Pferd mit bekannten Übungen Sicherheit geben, damit es in der veränderten Umgebung Entspannung finden kann.

Heute wird es interessant: Ich bin gespannt, wie Mona diese veränderte Umgebung annehmen wird. So viele Menschen auf einmal sind ihr noch nicht begegnet. Wie wird sie sich verhalten? Die Erfahrung bei unserem ersten öffentlichen Auftritt in Pullman City haben gezeigt, dass sie eine Weile braucht, um sich an eine neue Situation zu gewöhnen. Die Menschen dort hatten bei ihr mit ihrem Klatschen und den damit verbundenen Geräuschen, dazu noch in einem geschlossenen Raum, zunächst große Skepsis ausgelöst.

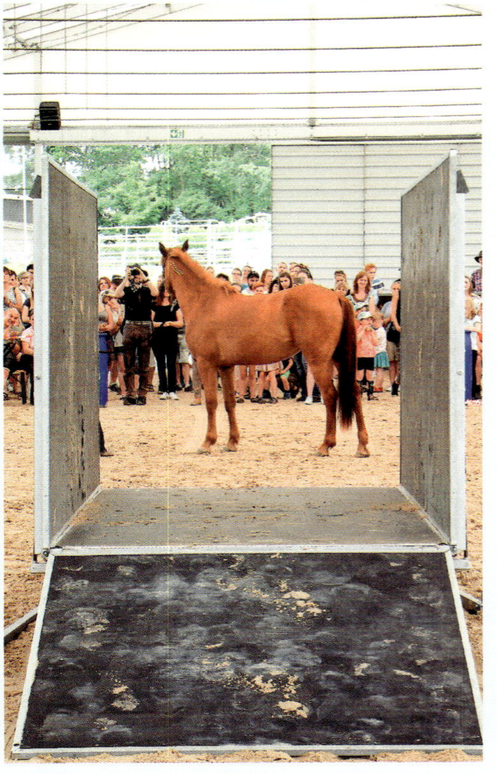

So viele Menschen hat Mona noch nie auf einmal gesehen! Das Publikum und die komplett veränderte Umgebung bringen sie nicht aus der Ruhe. Sie bleibt mit ihrer Aufmerksamkeit bei mir und den Übungen.

Es ist soweit: Wir betreten die Halle und gehen zwischen mehreren 100 Leuten hindurch. Mona wirkt sehr entspannt. Ich moderiere die Übungen, die ich das Pferd am Boden machen lasse. Ich zeige das Satteln und wie ich ihr beigebracht habe, sich dabei zu entspannen. Ich hatte mich schon Tage zuvor dazu entschlossen, auch heute nichts vom Sattel aus zu zeigen. Ich möchte keinen Schreckmoment riskieren. Die Übungen mit dem Anhänger klappen sehr gut und die Elemente, die wir den Abend zuvor mit diesem Objekt geübt haben, lassen sich souverän und gelassen abrufen. Ich bin sehr erstaunt darüber, wie entspannt und aufmerksam sie auf mich achtet, trotz dieser Atmosphäre.

Aufgrund der Erfahrung mit dem Klatschen bitte ich das Publikum, anfangs sehr leise zu klatschen und es langsam zu steigern. Ich bitte die Zuschauer auf mein Signal hin nach ein paar Sekunden mit dem Klatschen wieder aufzuhören, sobald die Mustangstute ruhig bleibt. Somit kann ich auch dies als kleine Übung einbauen und diesen ungewohnten Reiz etwas steuern.

Ein toller Tag! Heute hat sie mir wieder gezeigt, wozu sie nach so kurzer Zeit unseres gemeinsamen Trainings fähig ist. Diese Ruhe und Gelassenheit vor Publikum in einer ihr zwar bekannten, aber völlig veränderten Umgebung, ist keine leichte Anforderung an ein Jungpferd!

SEITWÄRTS VOM SATTEL

Meine Körpersprache und ein leichtes Zeigen über die Gerte seitwärts zu gehen, kennt Mona schon gut von der Bodenarbeit. Dies heute auf den Sattel zu übertragen, stellt eine neue Herausforderung dar.

FRÜHES SEITWÄRTS BEIM JUNGPFERD

Ich erarbeite mir gerne schon in den Anfängen des Anreitens ein paar Seitwärtstritte. Damit kann ich auf gebogenen Linien die Pferdeschulter vom Kippen in die Bahn abhalten und das Pferd dazu animieren, sich nach und nach auf der Außenlinie zu halten. Das Pferd lernt erst vom Boden aus, die Beine in einer kreuzenden Bewegung übertreten zu lassen und anschließend das gleiche Verhalten vom Sattel aus zu zeigen, allerdings mit einer leicht veränderten Hilfengebung von oben. Ich nutze am Boden das Stimm-Kommando »Seit«. Das wende ich ebenso an, wenn ich die Schenkelhilfe und die dazugehörige Zügelhilfe gebe. Dem Pferd wird dadurch sehr schnell deutlich, was die neuen Hilfen (Sitz, Bein und Hand) von oben bedeuten und was die richtige Lösung für den Drucknachlass ist.

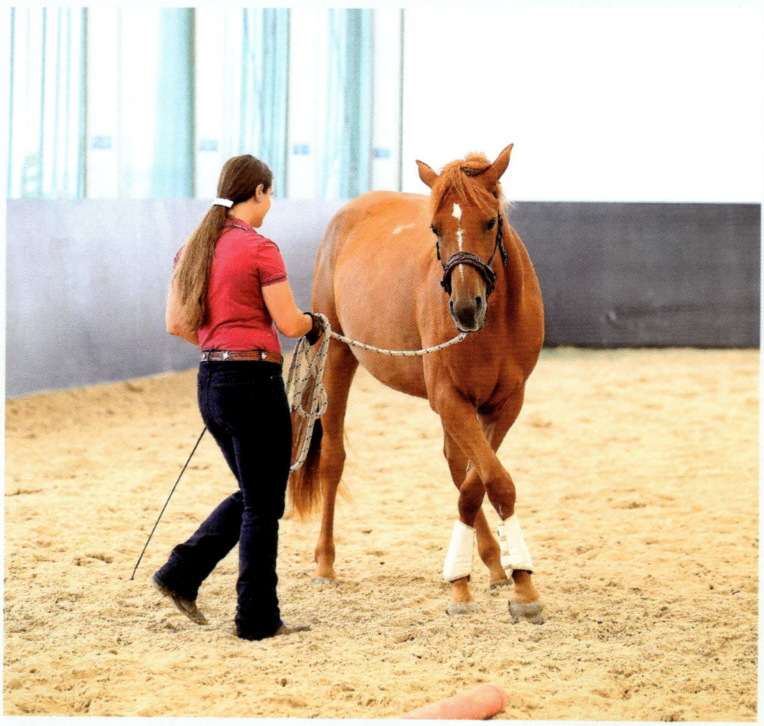

Ich gehe mit Mona dazu in den Roundpen und reite sie im Schritt auf der Volte. Ich nehme das Vorwärts zurück über den Sitz und durch leichtes Annehmen des Zügels, zudem gebe ich Impulse über das leicht zurückgelegte innere Bein. Wenn sie anfangs noch nicht weiß, was diese Hilfe zu bedeuten hat, zeige ich ihr das mit leichtem Tippen der Gerte an der inneren Seite. Sie wird dadurch veranlasst, zur offenen Seite überzutreten. Und siehe da, nach ein paar Impulsen am inneren Bein und der Erklärung über das Antippen der Gerte, sucht sie bereits die Lösung im Seitwärts. Auch hier zeigt sich wieder, wie schnell ein Pferd bereits Gelerntes auf eine neue Situation übertragen kann.

Ich wiederhole innerhalb weniger Minuten mehrfach das Signal zum Seitwärtstreten. So kann sich die neue Hilfe stabilisieren. Zwischendurch lasse ich Mona im Halten kurz entspannen. Dies ist für die Mustangstute das größte Lob. Bei anderen Pferden ist es oft das ruhige Gehen im Schritt oder sogar mal ein Vorwärts-Abwärts-Trab, der das Lob durch die Entspannung nach vorne bekräftigt. Bei Mona ist es bislang noch das Energiesparen im Halten. Vielleicht ändert sich das noch, je mehr sie das Vorwärtsgehen als angenehm empfindet.

TRAINING IN DER ÖFFENTLICHKEIT

Heute besucht uns die Uni Göttingen mit den Studenten der Pferdewissenschaften. Natürlich sind alle sehr interessiert, wie ich mit der Mustangstute vorankomme und wie ich die Arbeit mit ihr gestalte. Ich zeige und erkläre

Durch die Vorarbeit am Boden kommt Mona auch vom Sattel aus bald auf die Lösung seitwärts zu gehen.

Trotz Publikum und Erklärungen versuche ich mich auf Mona zu konzentrieren. Ich zeige Elemente aus der Bodenarbeit am langen Seil (Bild 1) und wie ich das Gurten (Bild 2) und Satteln vorbereitet habe. Ich demonstriere die Übung des Kopfsenkens (Bild 3), anschließend sattle ich Mona (Bild 4). Sie nimmt inzwischen immer mehr von sich aus eine entspannte Haltung im Traben ein. Dies belohne ich mit meiner Stimme und mit Senken der eigenen Körperspannung.

den Studenten im Roundpen, wie ich am Strick und auch in der Freiarbeit mit der Stute umgehe. Ich zeige das Satteln und wie ich sie nach und nach an diese neuen Reize gewöhne. In solch einer Vorführsituation ist man selbst nie ganz mit der Konzentration beim Pferd. Ich kann in solch einer Situation, in der ich mich mit zwei Dingen gleichzeitig beschäftige, die bereits gut sitzenden Übungen am Boden problemlos abrufen, Neues kann ich allerdings nicht von ihr verlangen. So etwas kommt natürlich auch im täglichen Leben immer mal vor, daher nehme ich das wieder dankbar als Übung an.

Wir können viele Lernschritte, die wir bereits in diesen ersten Wochen erarbeitet haben, zeigen. Ich freue mich, dass Mona trotz meiner Erklärungen und damit abschweifenden Konzentration, so toll mitarbeitet. Was zu Anfang noch unmöglich war – wo Ablenkung sie nervös und auch gereizt machte – funktioniert jetzt mit mehr Routine und Sicherheit.

1

2

3

4

AUSSENREIZE AUSBLENDEN

Wenn wir vom Pferd verlangen, sich voll und ganz auf unsere Signale zu konzentrieren, sind wir es ihm für die gute Kommunikation schuldig, dies ebenfalls zu tun. Pferde werden oft unsicher, wenn wir abgelenkt sind. Außenreize dabei komplett auszublenden heißt nicht, dass wir das Drumherum nicht mehr wahrnehmen sollen. Im Gegenteil, denn nur so können wir dem Pferd Schutz vermitteln. Wir müssen die Außenreize sehr wohl wahrnehmen, dem Pferd aber vermitteln, dass diese nicht gefährlich sind und nach unserer Aufmerksamkeit verlangen. Wenn das Pferd sich selbst auf Außenreize fixiert, sollten wir ihm zeigen können, dass es zu seinem Schutz das Wichtigste ist, auf uns zu achten. So erreichen wir eine Kommunikation, die auf Achtsamkeit aufgebaut ist, die aber dem Pferd ebenso vermittelt, dass wir es vor Außeneinflüssen schützen, beziehungsweise entscheiden, ob etwas ungefährlich ist oder nicht. Dies bedeutet nicht, mit dem Pferd komplett abgeschottet zu arbeiten, sondern für das Pferd ein sicheres Umfeld zu schaffen, in dem es uns als souveräne Leitfigur betrachtet.

WOCHE 3

DER ERSTE GALOPP IM SATTEL

Ich möchte heute das erste Mal mit Mona ein paar Sprünge galoppieren. Sie kennt das Angaloppieren von der Freiarbeit im und am Bodenarbeitsseil. Mit dem Wort »Galopp« und einer erhöhten Körperspannung – zusammen mit einem Küsschen – galoppiert sie schon recht präzise an. Ein gewisses Maß an Körperspannung und Reizintensität ist bei ihr dennoch notwendig, damit sie überhaupt angaloppiert. Die Energie, die sie sich beim Vorwärtsgehen aufspart, möchte sie wohl bei einer notwendigen Flucht einsetzen.

Wie gewohnt steige ich im Roundpen von der Aufstiegshilfe aus auf. Ich wiederhole im Schritt Übungen wie das Anhalten und die ersten Seitwärtsbewegungen. Im Trab fängt Mona schon an, sich schön ins Vorwärts-Abwärts zu strecken und das Vorwärtsgehen immer mehr als angenehm zu empfinden. Nun ist es soweit: Ich möchte aus dem Trab heraus das erste Mal versuchen, sie anzugaloppieren. Mir ist es wichtig, dass sie schon etwas über den Rücken in den Galopp hineinspringen kann, bevor ich dies das erste Mal versuche. Ich lasse sie etwas auf den Druck am Sidepull nachgeben, so wie ich es schon im Schritt und im Trab abgerufen habe. Über diese Nachgiebigkeit am Zaum kann sie es am ehesten schaffen, über einen runden ersten Sprung in den Galopp zu kommen. Ich möchte weder, dass sie in den Galopp hineinstürmt, noch über Geschwindigkeit den ersten Galoppsprung macht. Am besten wäre es, sie würde die Hilfe, die sie vom Boden aus kennt, auf den Sattel übertragen – Stimmhilfe und eine erhöhte Körperspannung.

Ich bereite sie mit Aufmerksamkeit auf mich und einem kurzen Nachgeben vor. Damit kann ich schon etwas Energie und positive Spannung in ihren Körper bringen. Nun nehme ich mein äußeres Bein leicht zurück, gebe das Stimmkommando und erhöhe innerhalb von etwa zwei Sekunden die Körperspannung. Mit einem leichten Antippen über die Gerte schaffe ich es, dass sie für ein paar Sprünge in den Galopp kommt. Sofort entspanne ich mich, lobe sie und atme tief aus – schon geht Mona in einem ruhigen Schritt. Kein Bocken und keine Abwehr! Ich bin sehr erleichtert.

Mir ist es lieber, sie macht mit einem Reiter auf ihrem Rücken nur zwei, drei erste Galoppsprünge und entwickelt keine negative Spannung oder Angst vor der Gangart.

Ich setze auf derselben Hand nach einer kurzen Pause erneut an. Sie merkt, dass sie auch hier das zuvor Erlernte auf die neue Situation übertragen kann und geht erneut die ersten Sprünge in den Galopp. Ich wechsle auf die andere Seite, nun sind wir auf der rechten Hand. Auf dieser Hand zeigt sie mir auch vom Boden immer wieder, dass das

Halten einer höheren Gangart für sie schwierig ist. Im Trab konnte ich dies vom Sattel aus noch nicht feststellen. Vielleicht liegt es vom Boden aus daran, dass sie mich anfangs nicht gerne auf ihre rechte Seite lassen wollte. Das Agieren hat sich von dieser Seite immer als etwas herausfordernder dargestellt als von der anderen.

Ich gehe erst ein paar größere Volten, die ich auch im Roundpen reiten kann, anschließend dann auf die größere Zirkellinie. Ich bereite Mona wieder über die Aufmerksamkeit auf mich und mit kleinen nachgebenden Reaktionen auf die Zäumung vor, dann wage ich den ersten Galopp auf dieser Hand. Ich merke, dass sie unter mir angespannt ist, aber die Spannung nicht wirklich ins Vorwärts lösen möchte oder kann. Ich gehe noch einmal in einen ruhigen Trab zurück und versuche es erneut. Ich erhöhe die Körperspannung aufs Neue und tippe Mona leicht mit der Gerte auf der Hinterhand an. Sie kommt in den Galopp, setzt aber gleich ein paar sehr »runde« Galoppsprünge (kleine Buckler) dran. Ich versuche, sie vorwärts zu halten, so dass zwei bis drei entspanntere Galoppsprünge daraus werden, und hole sie direkt danach wieder zurück in den Trab und in den Schritt. Sie zeigt mir damit deutlich, dass dieses Vorwärts für sie noch keinen Sinn ergibt. Ich wiederhole das Angaloppieren auf dieser Seite nochmals. Das zweite Mal geht es schon besser. Ich merke, dass die Idee ins Vorwärts da ist. Ich bin erleichtert, dass auch dieser Schritt ohne Zwischenfall oder eine heftige Überreaktion von ihr geschafft wurde. Ich bin froh, dass ich diese ersten Galoppsprünge im Roundpen abgerufen habe, ohne viel lenken zu müssen. Ich konnte sie einfach vorne mit entspanntem Zügel loben als sie vorwärts ging. Mir ist sehr wichtig, dass für sie das Vorwärtsgehen immer angenehmer wird und sie in diesem Moment noch keinen Druck über die Zäumung spürt.

SINNVOLLE AUFGABEN VOM SATTEL

Heute möchte ich das zweite Mal in der Reithalle reiten. Es hat sich gut bewährt, einen kleinen Parcours in der Reitbahn aufzubauen. Damit gebe ich Mona gleich vom Sattel aus eine Beschäftigung, die sie bereits kennt. Ich lege mir zwei Stangen im Abstand von circa anderthalb Metern in den Sand. Ich kann über diese zwei Stangen sowohl drüber als auch hindurch reiten. Zusätzlich möchte ich heute an den Stangen versuchen, das Seitwärts auf den Sattel zu übertragen. In der Bodenarbeit zeigt Mona bereits ein paar Seitwärtstritte sowohl vor als auch über einer Stange.

Ich beginne zunächst am Boden. Ich möchte ihre Konzentration darauf lenken, was ich gleich auch von oben abrufen werde. Erst soll die Stute mit circa einem Meter Abstand vor der Stange ein paar Seitwärtstritte in jede Richtung zeigen, danach lasse ich sie ganz entspannt über der Stange eine kurze Pause machen. Zwischendurch bringe ich immer wieder Abwechslung hinein. Ich verschiebe auf Blick die Hinterhand und die Vorhand. Diese Bewegungen soll sie später auch auf den Sattel übertragen. Dann gehe ich erneut zur Stange. Ich stelle Mona direkt darüber und sie überträgt das Seitwärtsgehen über die Stange. Hier muss ich gut aufpassen, dass sie nicht zu sehr ins Vorwärts kommt, sondern in einen »Sidepass«. Ich stehe schräg vor ihr und verhindere damit, dass sie über die Stange ausweicht. Durch das Stimmkommando »Seit« versteht sie sehr gut, dass dies die gleiche Bewegung wie vor der Stange ist.

Durch diese Vorübungen ist Mona gut auf mich konzentriert. Ich stelle mir die Aufstiegshilfe etwas weiter in die Halle hinein und steige in Ruhe auf. Die Stute bleibt stehen und senkt den Kopf. Ich bin sehr froh, dass sie das Aufsteigen von Anfang an nicht mit Angst oder Spannung verbunden hat. Nach ein paar Runden im Schritt rufe ich das Seitwärts von oben vor der Stange ab. Die visuelle Barriere

Nachdem wir vor der Stange schon seitwärtsgegangen sind, probiere ich es mit ihr direkt über der Stange. Diese Übung schult das Timing des Menschen und die Koordination des Pferdes. Zeigt man dem Jungpferd die Übungen zunächst am Boden, fällt es ihm leichter, sie später auch unter dem Sattel zu absolvieren.

DER ERSTE MONAT

1	2	3	4	5	6	**7**
8	9	10	11	12	13	**14**
15	16	17	18	19	20	**21**
22	23	24	25	26	27	**28**
29	30	31				

DER ZWEITE MONAT

			1	2	3	**4**
5	6	7	8	9	10	**11**
12	13	14	15	16	17	**18**
19	20	21	22	23	24	**25**
26	27	28	29	30		

DER DRITTE MONAT

					1	**2**
3	4	5	6	7	8	**9**
10	11	12	13	14	15	**16**
17	18	19	20	21	22	**23**
24	25	26	27	28	29	**30**
31						

Zunächst lasse ich Mona über der Stange entspannt stehen. Da sie die Übung bereits vom Bodentraining kennt, versuche ich mit ihr die ersten Schritte seitwärts über die Stange.

der Stange hilft ihr, diese Übung als sinnvoll zu empfinden. Ich würde die ersten Seitwärtsschritte nicht vor der Bande machen, denn ich möchte, dass das Pferd auf die Einrahmung des Reiters reagiert und nicht weil es vor einer Wand steht.

Nach einer ruhigen Schrittrunde auf dem Zirkel stelle ich Mona über die Stange – sie schafft es, drei Tritte zur einen Seite und nach einer Pause ein paar Tritte zur anderen Seite zu gehen. Die Bewegung ist noch etwas wackelig und noch nicht ganz parallel, mal verschiebt sich eher die Vor- und mal eher die Hinterhand, aber das ist zu diesem Zeitpunkt noch völlig unwesentlich.

Das Abfragen der Hinterhand- und Vorhandverschiebung – was ich im Kleinen schon bei der Lenkung im Roundpen abgefragt habe – funktioniert jetzt auch bereits schrittweise in der Halle. Für die Bewegung der Hinterhand stelle ich sie etwas auf die treibende Seite, so dass es ihr leichter fällt, die Hinterhand nach außen zu verschieben. Ich treibe dafür etwas weiter hinten, lockere nach zwei bis drei Tritten sofort den Impuls am Bein und lasse sie eine kurze Pause machen.

Die Lenkung in der Halle ist nicht ganz so einfach wie im Roundpen, da wir uns auf einer größeren Fläche befinden. Über ein leichtes Antippen der Gerte an der äußeren Schulter und ein Schwingen des äußeren Beines, lenke ich sie immer wieder von außen in die Stangengasse und auch mal auf den anderen Zirkel der Reithalle. Ich merke, dass sie sich

Das Bewältigen von verschiedenen Hindernissen fördert die Konzentration und die Präzision der Lenkung beim Reiten. Dabei kann man sich verschiedene Wege durch oder über die Stangen einfallen lassen.

von links nach rechts nicht so gut lenken lässt und etwas gegen die Zäumung anzieht. Ich halte mit der Hand moderat dagegen, bis sie anhält und einen Schritt rückwärtsgeht. Ich löse daraufhin sofort den Druck auf den Nasenriemen. Sie soll nicht lernen, über einen Druck ins Vorwärts oder in eine bestimmte Richtung zu gelangen. Auch wenn Mona kein Gebiss im Maul hat, ist es ganz wichtig, die Grenze der annehmenden Hand klar darzustellen. Dies könnte sonst später zu gefährlichen Situationen führen.

DER ERSTE MONAT

1	2	3	4	5	6	**7**
8	9	10	11	12	13	**14**
15	16	17	18	19	20	**21**
22	23	24	25	26	27	**28**
29	30	31				

DER ZWEITE MONAT

			1	2	3	**4**
5	6	7	8	9	10	**11**
12	13	14	15	16	17	**18**
19	20	21	22	23	24	**25**
26	27	28	29	30		

DER DRITTE MONAT

					1	**2**
3	4	5	6	7	8	**9**
10	11	12	13	14	15	**16**
17	18	19	20	21	22	**23**
24	25	26	27	28	29	**30**
31						

MIT HINDERNISSEN ARBEITEN

Das Ziel im Pferdetraining sollte es sein, dem Pferd sinnvoll zu erklären, was wir von ihm möchten. Es soll einen Sinn dahinter sehen und motiviert sein, diese Übung auszuführen. Dies erreicht man, indem man Bodenhindernisse wie Gassen und Pylonen in der Bahn aufstellt, um die ersten Lenk- und Seitwärtsübungen zu erarbeiten. Aber auch im späteren Training macht es Sinn, mit optischen Markern zur arbeiten. Nicht nur für den Reiter, der sich damit besser auf die Linie konzentrieren kann, sondern auch für das Pferd stellen die Bewegungen, mit denen man es durch die Hindernisse manövriert, oft mehr Sinn dar als ohne. Ein Seitwärts oder eine korrekt gerittene Volte später auch auf der freien Bahn zu gestalten, wäre dann für beide die größere Herausforderung. Aber auch hier gilt das Motto: vom Leichten zum Schweren.

Abwechslung nimmt Mona gerne und sehr motiviert an. Den Ball berührt sie schon selbstständig, um eine kleine Belohnung zu erhalten.

FREIARBEIT BEDEUTET ABWECHSLUNG

Zur Abwechslung arbeite ich auch immer wieder rein spielerisch mit der Mustangstute. Es ist erstaunlich, wie sehr sie dies motiviert! Sie hat schon gelernt, dass sie eine kleine Futterbelohnung bekommt, wenn sie den Ball berührt. Nun geht sie schon selbst ein wenig auf den Ball zu und versucht ihn, mit dem Bein wegzustoßen.

Das freie Schicken durch eine Pylonengasse und über eine Stange baue ich immer wieder als Abwechslung ein. Auf diese Weise kann ich konstant Monas Motivation stärken und damit auch die Reaktivität auf meine Signale. Sie bekommt einen sehr wachen und kecken Blick, wenn sie eine Aufgabe richtig gemacht hat und dafür ein stimmliches Lob erhält – und ab und zu eine Futterbelohnung. Es ist toll mit anzusehen, dass sie dadurch eine eigene Kreativität entwickelt und anfängt, selbst auf die Hindernisse zuzusteuern. Dieses Mitmachen soll natürlich nicht in ein Vorwegnehmen ausarten, aber ich freue mich sehr, wenn sie so bei der Sache ist!

Heute möchte ich mit ihr das Rüberschicken über eine Stange im Trab versuchen. Ich will sehen, ob wir es schaffen, dass sie über ein kleines Cavalletti springt.

Zunächst lege ich die Stange zwischen die beiden Erhöhungen auf den Boden. Diese kennt sie noch nicht, sie soll erst einmal entspannt hindurchgehen. Als das klappt, schicke ich sie zunächst am Strick im Trab darüber. Ich nehme ihr den Strick ab und wiederhole dies frei. Ich kann Mona nach dem Rüberschicken schon frei zu mir holen. Sie steuert nach dem Sprung schön auf mich zu, wenn ich mit meiner Körpersprache den Raum frei gebe. Dafür brauche ich kein Seil mehr. Als Nächstes erhöhe ich kurz vor dem Sprung meine Körperspannung und bringe Mona für wenige Sprünge in den Galopp (siehe Seite 107).

Die Freiarbeit stellt eine hervorragende Abwechslung zum Reiten dar. Inzwischen funktioniert das Durchschicken durch eine Pylonengasse schon im Trab.

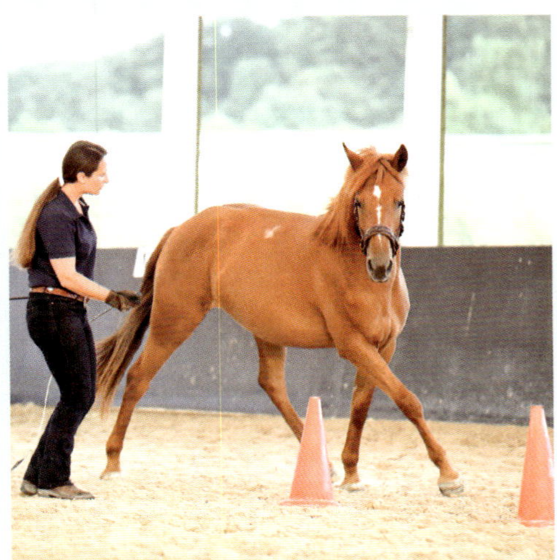

Zuerst üben wir das Überqueren des Cavalettis am Strick. Mona versteht mittlerweile das Kommando »Drüber!« und weiß, was ich von ihr möchte. Anschließend wiederholen wir das Ganze frei. Sie lernt unglaublich schnell und ist sehr motiviert. Die Stute bekommt eine kleine Futterbelohnung, wenn sie es gut gemacht hat.

Tatsächlich schafft sie einen kleinen Sprung und bekommt danach sofort eine Belohnung.

Ich habe die Verbeugung schon in den ersten Schritten mit ihr erarbeitet. Wenn sie mir ihr Bein durch leichtes Antippen in die Hand gibt, führe ich sie am Halfter etwas zurück, so dass sie ihr Gewicht leicht nach hinten verlagert. Wir haben es schon einmal geschafft, dass sie sich kurz am Boden abstützt und etwas in der Verbeugung bleibt. Sie bleibt dabei sehr ruhig, obwohl sie bei dieser Übung die Sicht um sich herum gänzlich aufgibt.

Diese Übungen eignen sich hervorragend, um das Pferd auf uns als Reizgeber zu konzentrieren und um seine Motivation zu steigern, auf uns zu reagieren. Ich nutze solche Aufgaben besonders vor dem Reiten, so setze ich mich heute nach der Übung »Rüberschicken« auch noch in den Sattel. Ich reite Mona im Schritt und im Trab und habe das Gefühl, dass auch die Übergänge in die schnellere Gangart nach so wenigen Malen stabiler werden. Auch die Rechtskurve klappt besser. Sobald ich merke, dass sich die Stute nach leichtem Annehmen des inneren Zügels gegen diesen stützt, helfe ich ihr mit einem pendelnden Bein außen und einem Antippen der Gerte an der äußeren Schulter. Dies hilft ihr, »in die Kurve zu denken« und sich nicht auf das Gegendrücken am Zaum zu konzentrieren. Sie findet die Lösung dadurch schneller. Ich verringere den Druck beim Nachgeben nach rechts sofort wieder und bringe Mona in eine entspannte Dehnungshaltung. Diese kurzen Sequenzen von Reaktion und Belohnung überträgt sie sehr gut von den Bodenübungen in den Sattel.

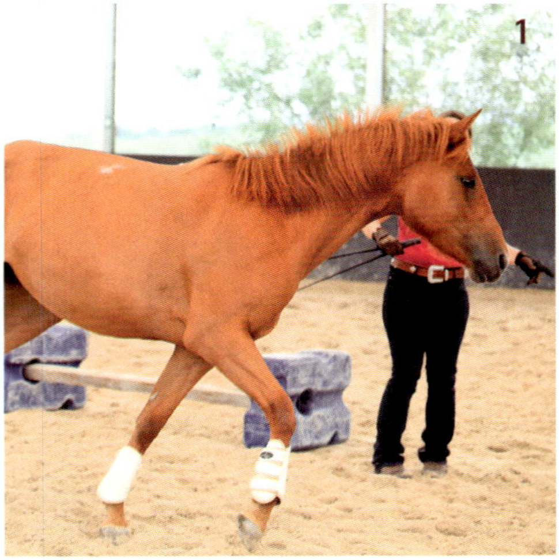
1

2
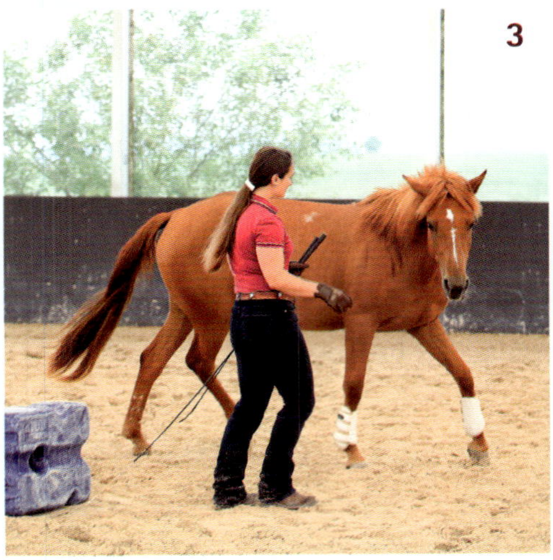
3
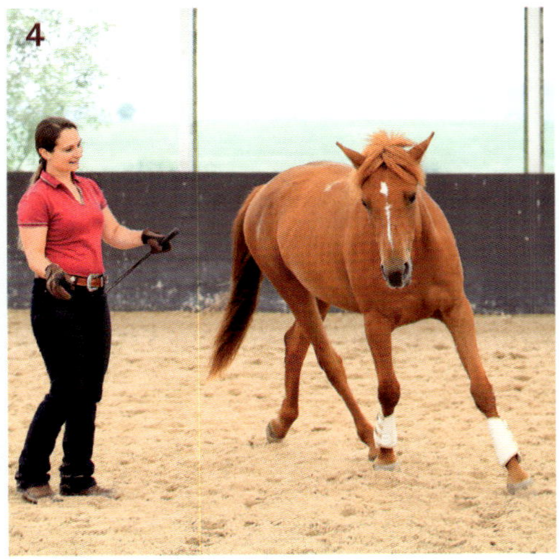
4
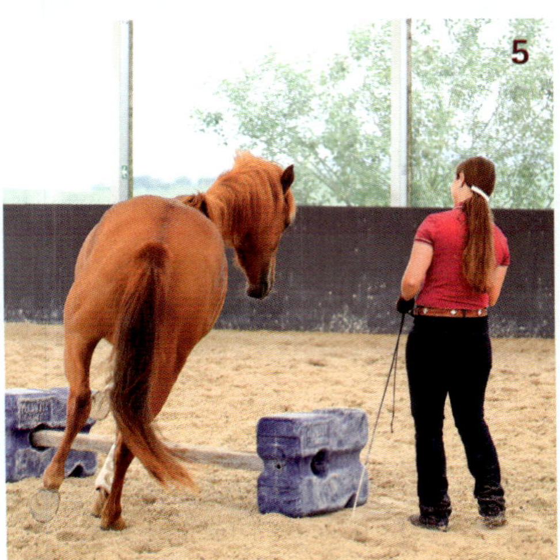
5

6

Die Plane löst bei der Mustangstute zunächst Furcht aus. Sie kennt das Darübergehen bereits von der Arbeit am Boden und kann es schließlich übertragen. Durch das Kopfsenken wird die Plane positiv verknüpft. Sie geht anschließend flüssig und ruhig darüber.

WOCHE 4

DIE NACHGIEBIGKEIT UND SELBSTHALTUNG UNTER DEM SATTEL ERARBEITEN

Ich zeige dem Jungpferd die ersten Ansätze der Nachgiebigkeit bereits am Boden. Ein seitliches Annehmen des Zügels von unten soll das Pferd schon jetzt veranlassen, den Kopf leicht zur Seite zu nehmen. Durch die Übung des Kopfsenkens und ein gleichzeitiges leichtes Annehmen des Zügels, zeigt man dem Jungpferd schon am Boden, was man später im Sattel auf den Zügeldruck hin haben möchte. Das Jungpferd wäre schnell überfordert, von oben sowohl das Reitergewicht als auch die Lenkung und die Nachgiebigkeit komplett neu zu erlernen. Das wären zu viele Reize auf einmal. Durch das »Fahren vom Boden« (siehe Seite 66) bekommt das Jungpferd die Idee von Lenkung, Anhalten und Nachgiebigkeit auf den Zügeldruck.

Vom Boden aus kennt Mona bereits die Übung, dem Zügeldruck nachzugeben. Vom Sattel aus gestaltet sich dies natürlich nicht ganz so einfach. Der neue Reiz, den Reiter auf sich zu haben, und von dieser Position aus Signale zu empfangen und umzusetzen, stellt natürlich eine größere Herausforderung dar.

Ich merke schon bei den Lenkübungen, dass sie seitlich schön nachgibt, also die ersten Ansätze von Stellung zeigt, und dass das Kopfsenken auf das pendelnde Bein und den leichten Zügeldruck schon gut funktionieren. Im Schritt und im Trab bekommen wir bereits eine Vorwärts-Abwärts-Haltung hin, die nun nach und nach immer mehr in eine selbsttragende Kopf-Hals-Position übergehen soll.

Die Stute soll die richtige Muskulatur aufbauen, um den Reiter gesund tragen zu können. Ich gebe dafür etwas Körperspannung auch über das Bein in das Pferd und nehme gleichzeitig gleichmäßig die Zügel auf. Durch die leichte Stellung auf der Volte fällt es dem

Das Nachgeben auf den inneren Zügel kann man gut vom Boden aus vorbereiten. Weiß das Pferd schon am Boden, wie es auf den Druck reagieren soll, kann es dies auf die Hilfen vom Sattel aus übertragen.

Pferd leichter, weich zu werden und nachzugeben. Wenn ich für einen kurzen Moment – also einen Bruchteil von einer Sekunde – Nachgiebigkeit von Mona bekomme, gebe ich sofort wieder die Zügel einige Zentimeter hin. Diese neue Position muss anfangs ganz klar mit etwas Positivem (Drucknachlass) verbunden werden. Ich möchte, dass sie immer mehr dazu motiviert wird, sich in dieser Position zu tragen und diese später immer selbstständiger zu halten. So entwickelt sich später die richtige Muskulatur, um den Menschen gut tragen zu können.

Diese Nachgiebigkeit auf geraden Linien zu erarbeiten, stellt im Moment noch eine zu hohe Anforderung dar. Deswegen bewege ich

Die Mustangstute soll sich für ein paar Momente an der Senkrechten tragen und etwas Grundspannung halten. Dafür nutze ich große gebogene Linien. Anschließend bekommt Mona als Belohnung eine Pause in der Vorwärts-Abwärts-Haltung.

DER ERSTE MONAT

1	2	3	4	5	6	**7**
8	9	10	11	12	13	**14**
15	16	17	18	19	20	**21**
22	23	24	25	26	27	**28**
29	30	31				

DER ZWEITE MONAT

			1	2	3	**4**
5	6	7	8	9	10	**11**
12	13	14	15	16	17	**18**
19	20	21	22	23	24	**25**
26	27	28	29	30		

DER DRITTE MONAT

					1	**2**
3	4	5	6	7	8	**9**
10	11	12	13	14	15	**16**
17	18	19	20	21	22	**23**
24	25	26	27	28	29	**30**
31						

mich auf gebogenen Linien, wechsle häufig die Seite, so dass die Belohnung sofort für das Pferd ersichtlich ist. Auch das Wechseln der Seite stellt dabei eine Belohnung dar, lange auf einer Hand Kreise zu reiten ist sehr anstrengend. Das vermeide ich natürlich, halte die Bögen sehr flach und reite nur, wenn sie aufgewärmt ist, engere Kreise mit ihr.

DER ERSTE GALOPP IN DER HALLE

Wie auch alle anderen Ausbildungsschritte, die ich zunächst vom Boden aus und dann im Roundpen gefestigt habe, möchte ich mir auch den Galopp nun in der schwierigeren Umgebung – der Reithalle – erarbeiten. Mona ist für mich in der Lenkung und auch in der äußeren Einrahmung inzwischen so stabil, dass ich die ersten Galoppsprünge auf dem Zirkel wagen möchte. Ich mache diese bewusst auf dem Zirkel, denn ich möchte ihr die Sicherheit des Bekannten geben, sie etwas einrahmen können und damit helfen, den Galopp auszubalancieren. Würde ich gleich auf die ganze Bahn gehen, würde sie mir komplett auseinanderfallen und vielleicht sogar unsicher werden. Ich steuere im Trab auf die geschlossene Seite der Bande zu, damit sie gleich, wie auch draußen im Roundpen, eine etwas stützende Umrandung hat. Als ich für die Galopphilfe meine Körperspannung etwas erhöhe und das Wort »Galopp« sage, merke ich, dass Mona etwas gegenspannt. Es ist also doch noch etwas Anderes, in der Halle zu galoppieren, als im Roundpen. Ich versuche es erneut. Ich muss den Druck etwas erhöhen, damit sie wirklich in ein Vorwärts denkt. Ich bekomme drei Sprünge, lobe sie direkt und lasse sie wieder zurück in den Trab und dann in den Schritt fallen. Sie reagiert fast etwas ärgerlich, warum sie hier rennen soll, also in ihren Augen fliehen, wenn doch gar keine Gefahr droht. Ihr fehlt das Verständnis für das geforderte Vorwärts.

WARUM RENNEN, WENN KEINE GEFAHR DROHT?

Man möchte meinen, dass Losrennen und Galopp für ein Fluchttier keine Besonderheit darstellen. Ein Fluchttier muss mit seiner Energie haushalten, da es jederzeit zur Flucht kommen kann. Ein höheres Tempo ohne Grund zu wählen, macht daher keinen Sinn. Natürlich möchten wir nicht, dass unser Pferd das Vorwärtsreiten mit Flucht verbindet, aber man sollte sich vor Augen halten, dass für das so hoch angepasste Fluchttier Energieverschwendung lebensbedrohlich sein kann.

Dass Jungpferde im Training oft im Galopp losschießen, hat wohl eher mit einer Energie-Überversorgung zu tun oder damit, dass sie nicht ausgelastet sind, bei zu viel Futter und zu wenig Bewegung.

Bei der Mustangstute, die so tief in sich einprogrammiert hat, mit ihrer Energie hauszuhalten, stellt sich dies anders dar. Hier muss gute Timing-Arbeit geleistet werden, indem der Druck sofort nachgelassen wird, wenn sie die Vorwärtsbewegung annimmt.

DER SCHRECK-MOMENT – EIN GEZIELTER TRITT

Es ist schon spät am Abend. Nach einem langen Tag gehe ich mit Mona noch in die Reithalle, um etwas am Boden mit ihr zu arbeiten. Ich lasse sie zuerst etwas am Seil gehen, danach lasse ich sie frei. Wir schaffen es, dass sie auch ohne Seil schön um mich herumtrabt und sogar auch in einem kleinen Zirkel frei um mich herumgaloppiert. Es kommt vor, dass sie den Zirkel verlässt, aber ich kann sie auch aus der Entfernung zu mir abrufen. Das habe ich mir zuvor am Strick erarbeitet – zunächst das »Heranziehen« über Blick auf die Schulter (nicht zu verwechseln mit Ziehen am Strick), dann das Ganze ohne Strick und später immer auf größere Entfernung hin. Ich kann Mona tatsächlich über Rückwärtsgehen und eine Erhöhung der treibenden Hilfe mit der Peitsche auf den Boden dazu veranlassen, mit erhöhter Geschwindigkeit – sogar im Galopp – auf mich zuzukommen.

Heute versuche ich auch nochmal die Verbeugung. Die Stute ist nicht am Seil. Sie schafft es, dass sie sich mit dem Vorderbein auf dem Boden abstützt. In dem Moment, als sie unten ist und ich neben ihr auf dem Boden kauere, scheint ihr diese Übung nicht mehr besonders zu gefallen und sie schnappt etwas in meine Richtung. Aus Reflex hebe ich die rechte Hand in Richtung ihres Bauches und berühre sie mit einem leichten Klopfen mit der flachen Hand. Dann geht es blitzschnell: Auf diesen »Angriff« reagiert sie innerhalb eines Bruchteils von einer Sekunde mit Abwehr und tritt mit beiden Hinterhufen zu! Mona trifft mich am Oberschenkel und springt danach kurz zur Seite. Ich weiß erst nicht, wie mir geschieht, bleibe am Boden hocken und halte mir das Bein. Ich habe keine Ahnung, ob etwas Schlimmeres passiert ist – ich bin zu perplex. Dann kann ich aber aufstehen – es scheint nichts gebrochen zu sein. Mona steht ganz ruhig mit einem freundlichen Gesicht da. Für sie ist dieser Moment längst erledigt. Mir wird schnell klar, dass ich aus dieser Position heraus einen Druck verursacht habe, der nur zur Abwehr führen konnte. Mit leicht angeschlagenem Bein versuche ich wieder zu entspannen und lasse Mona die Hinterhand nochmals von mir wegweichen. Danach beende ich das Training mit vielen Gedanken im Kopf.

NEUTRAL UND FAIR BLEIBEN

Für den Menschen ist es sicherlich nicht immer einfach, Dinge, die zwischen ihm und dem Pferd passieren, nicht persönlich zu nehmen. Auch wenn Pferde aus Abwehr beißen und treten, macht es keinen Sinn, es persönlich zu nehmen. Neutralität sollte jeder Pferdemensch – ganz besonders jeder Trainer – besitzen. Es hat immer eine Ursache, warum Pferde reagieren, wie sie reagieren. Man sollte sich diese Situation durch den Kopf gehen lassen und genau überlegen, warum es zu dem Vorfall kam. Das hilft, um in der nächsten brenzligen Situation neutral bleiben zu können. Wenn man auf einen Vorfall mit Wut reagiert, egal wie gefährlich er war, kommt man selbst in eine Spannung, die man nicht im richtigen Moment wieder lösen kann. Dies kann durchaus zu weiteren gefährlichen Situationen führen. Aus diesem Grund bin ich der Meinung, dass man im Training gezielt Spannung und Druck immer wieder für einen kurzen Moment erhöhen sollte, um vom Pferd eine stärkere Reaktion zu bekommen. Wichtig ist es, diesen Druck sofort wieder zu beenden, einerseits als Belohnung für die gute Reaktion, andererseits, um dem Pferd zu zeigen, dass jede Drucksituation durch uns auch schnell wieder ein Ende findet. Dies sollte von Mensch und Pferd gleichermaßen trainiert werden. So können wir selbst besser mit An- und Entspannung umgehen, und das Pferd lernt, dass auch eine brenzliche Situation mit uns gemeinsam wieder positiv gelöst werden kann.

Wenn Mona in der Freiarbeit einmal ausbricht, kann ich sie auch aus dem Galopp zu mir holen.
Es steckt inzwischen immer mehr Energie in ihr, die sie zwischendurch mal hinauslässt.

DER DRITTE MONAT

WOCHE 1

ANDERE PFERDE IN DER HALLE

Bisher war ich oft mit Mona ganz ungestört in der Halle. Ich habe mir die Trainingszeiten mit ihr immer so gelegt, dass ich Ruhe und keinen Termindruck habe – also meist auf den Abend. Ich kenne es von vielen jungen Pferden, dass wenn andere Pferde mit in der Halle sind, die Aufmerksamkeit auf die Artgenossen stärker ist, als auf den Menschen. Manchmal fällt es den Pferden, aber auch den Reitern, nicht ganz so leicht, bei der Sache zu bleiben. Manche Pferde beruhigt es aber auch und sie haben nicht das Gefühl, »alleine« zu sein.

Heute ist ein kleiner flotter Isländer mit in der Halle. Seine Bewegungen im Tölt und Pass kennt Mona nicht. Der Takt und seine recht hohe Geschwindigkeit ist neu für sie. Sie nimmt das andere Pferd zwar wahr, scheint sich aber nicht weiter dafür zu interessieren. Ich habe das bereits bei ihr auch im Roundpen festgestellt. Der Laufstall unserer Herde ist nur ein paar Meter vom Roundpen entfernt. Dort entsteht des Öfteren mal ein kleiner Tumult, wenn sich die Pferde gegenseitig um die Heuraufe jagen oder wenn die ganze Herde mal in Wallung gerät. Bislang hat Mona alles, was im Laufstall passiert, kaum interessiert, sie war immer sehr auf mich konzentriert. Was ich schon sehr erstaunlich fand für ein Jungpferd in fremder Umgebung. Diese Konzentrationsfähigkeit spüre ich jetzt in der Reithalle auch. Monas schnelle Auffassungsgabe und die Fähigkeit, die Aufmerksamkeit auf das Wesentliche zu halten, ist eine ganz besondere Stärke, die ich an diesem Pferd immer wieder erkenne. Vielleicht kommt es tatsächlich aus der Natur heraus, unwichtigen Dingen nicht so viel Aufmerksamkeit zu schenken, damit man das Wesentliche nicht aus den Augen verliert.

KONZENTRATION AUF DAS GELERNTE

Wie lange sich ein Pferd tatsächlich konzentrieren kann, darüber ist die Wissenschaft sich noch nicht einig. Aus Erfahrung wissen wir, dass wir beim Jungpferd auch die Konzentrationsspanne trainieren müssen, die sicherlich anfangs nur minutenweise aufrechterhalten werden kann. Umso erstaunlicher ist es, dass diese Mustangstute nicht nur ein eindrucksvolles Lernverhalten zeigt und Verknüpfungen schnell herstellen kann, sondern sie scheint sich auch relativ lange auf Übungen konzentrieren zu können. Wichtig dabei ist, dass man viele Pausen macht – manchmal schon nach Sekunden. Die Aufmerksamkeit des Pferdes immer wieder zu erlangen oder am besten gar nicht erst zu verlieren, stellt dabei eine Herausforderung für uns Menschen dar. Wenn man im Kleinen schon merkt, dass man die Aufmerksamkeit des Pferdes verliert, sollte man diese wieder auf sich selbst richten und dies auch direkt belohnen. So können fremde Pferde in der Halle oder auch andere Umweltreize, die sich in einem Moment verändern, nicht mehr so in den Fokus rücken. Zudem gibt es dem Pferd Sicherheit, Gelerntes auch in solchen Situationen abrufen zu können.

GEGENSTÄNDE TRANSPORTIEREN – WENN DER SCHRECKREIZ MITKOMMT

Ich möchte die Mustangstute auf viele Dinge vorbereiten, die ihr in ihrem Leben mit den Menschen begegnen können. Dafür möchte ich sie so trainieren, dass auch Gegenstände, die sich ihr seitlich nähern oder sich über ihr bewegen, keine Furcht bei ihr auslösen. Wenn der Reiter auch mal eine unbeholfene Bewegung macht, soll sie das nicht in Panik versetzen. Aus diesem Grund möchte ich heute das Transportieren eines Gegenstandes mit ihr üben. Diesen will ich nicht hinter ihr herziehen, sondern ich möchte ihn aufnehmen, über ihr bewegen und wieder abstellen können. Ich stelle zwei Regentonnen in die Bahn und platziere auf ihnen je eine Pylone. Die Tonnen kennt Mona noch nicht und ich lasse sie diese natürlich vom Boden aus erst einmal begutachten. Wir arbeiten um die Tonnen herum und an diesen vorbei. Die Pylone in dieser Höhe kennt sie auch noch nicht. Wir machen Pause an den Tonnen, ich nehme eine Pylone und zeige sie Mona. Während ich die Pylone an ihrer Seite auf und ab bewege, lasse ich sie den Kopf senken und höre dann sofort mit der Bewegung auf. So kann sie auch in dieser neuen Situation wieder mitagieren und erkennen, dass sie die Bewegung des Gegenstandes mit beeinflussen kann. Dann hebe ich eine Pylone über sie drüber und frage das Kopfsenken erneut ab. Ich möchte vermeiden, dass sie den Kegel das erste Mal von oben sieht, wenn ich auf ihr sitze.

Ich steige auf und reite zuerst im Schritt und auch im Trab immer wieder an den Tonnen vorbei. Dann halte ich neben einer, lasse Mona entspannen und fasse vorsichtig in Richtung Pylone. Ich merke, dass das Pferd das Rüberfassen mit Skepsis beäugt. Monas Ohren sind nach hinten gerichtet, sie weiß nicht genau, wie sie die Situation einschätzen soll. Ich versuche selbst entspannt zu bleiben und schaffe es, die Pylone aufzunehmen und die Stute damit von oben an der Schulter abzustreichen. Ich führe die Pylone mit einer langsamen Bewegung auf die andere Seite und streiche wieder die Schulter damit ab. Dabei lasse ich Mona immer wieder den Kopf senken und höre kurz mit der Berührung auf. In einem passenden Augenblick stelle ich die Pylone wieder auf der Tonne ab und reite ein paar Runden entspannt in der Halle umher. Ich nehme wieder die Pylone auf, lasse Mona dabei leicht in Stellung – damit sie die Pylone weiterhin sieht – und gehe ein paar Schritte vorwärts. Nach ein paar Schritten halte ich sofort wieder an und lobe sie.

Dieser Moment, als der Gegenstand mitkommt – ähnlich wie beim ersten Losreiten –

Das Video dazu finden Sie auf der Seite www.viviangabor.de

ist ein heikler. Ich bin froh, dass er ruhig von ihr angenommen wird. Sie merkt, dass der Gegenstand zwar mitkommt, aber sie problemlos weitergehen kann und nicht flüchten muss. Nach einer kleinen Runde im Schritt stelle ich die Pylone auf der Tonne ab und bin sehr froh, dass sie diesen schwierigen Schritt so gut gemeistert hat.

ENGE BEDEUTET SKEPSIS – DURCH TONNENGASSEN REITEN

Durch einen Engpass zu gehen, ist für manche Pferde schwierig. Wir können oft nicht nachvollziehen, dass alleine das Hindurchgehen zwischen zwei Stangen für ein Pferd eine Einschränkung bedeutet. Uns ist klar, dass dies keine Gefahr darstellt, aber manche Jungpferde werden bereits skeptisch, wenn sie sich zwischen zwei eng stehenden Pylonen befinden. Mit Mona habe ich die Gassen nach und nach enger gelegt, da ich schon bei den Pylonen gesehen habe, dass sie skeptisch wird, wenn diese zu nah aneinander stehen und ich sie zwischen diesen durchlongiere. Durch das Hindurchschicken und das anschließende Loben, hat sie diesen »Engpass« aber bereits positiv verknüpft.

Mit zwei leeren Regentonnen kann man Engpässe ebenso gut üben. Ich möchte ihr damit immer mehr Vertrauen geben und ihr auch zeigen, dass sie trotz Enge nichts befürchten muss. Dies gibt ihr immer mehr Sicherheit, dass das, was der Mensch angibt, grundsätzlich zu schaffen ist und er sie nicht gefährden wird.

Einen Gegenstand von einer Tonne zur anderen zu transportieren kennt sie bereits. Neu sind zwei parallele Tonnen, die nach und nach immer enger beieinanderstehen. Ich hätte es nicht gedacht, aber schon bei zwei Metern Entfernung ist es ihr sichtlich unangenehm, zwischen diesen hindurchzulaufen – ihr ganzer Körper spannt sich an. Sie beschleunigt ihren Gang, kaum ist sie zwischen den beiden Objekten. Ich nutze hier auch das ihr bekannte Kommando »Durch«. Zuerst gehe ich voraus, anschließend fange ich an, Mona zwischen den Tonnen durch zu longieren. Ganz am Ende schicke ich sie frei hindurch. Ihre Skepsis weicht immer mehr, aber ganz selbstverständlich findet sie es noch nicht!

Ich bin froh, dass ich diese Übung mit ihr gemacht habe. Sie zeigt mir, wie bedacht Mona auf ihren Eigenschutz ist und dass sie alles, was sie einschränkt, natürlicherweise vermeiden würde. Andererseits zeigt es mir auch, dass sie mir inzwischen soweit vertraut, dass sie bereit ist, innere Grenzen zu überwinden. Und dabei geht es ja häufig im Jungpferdetraining: Die natürlich gesetzten Grenzen zu verlieren, die durch Furcht und Angst bestätigt werden, damit die Pferde mit uns in unserer Welt zurechtkommen.

Wir erarbeiten am Boden das freie Schicken durch die Tonnengasse, dabei bleibt das Pferd zunächst am Seil.

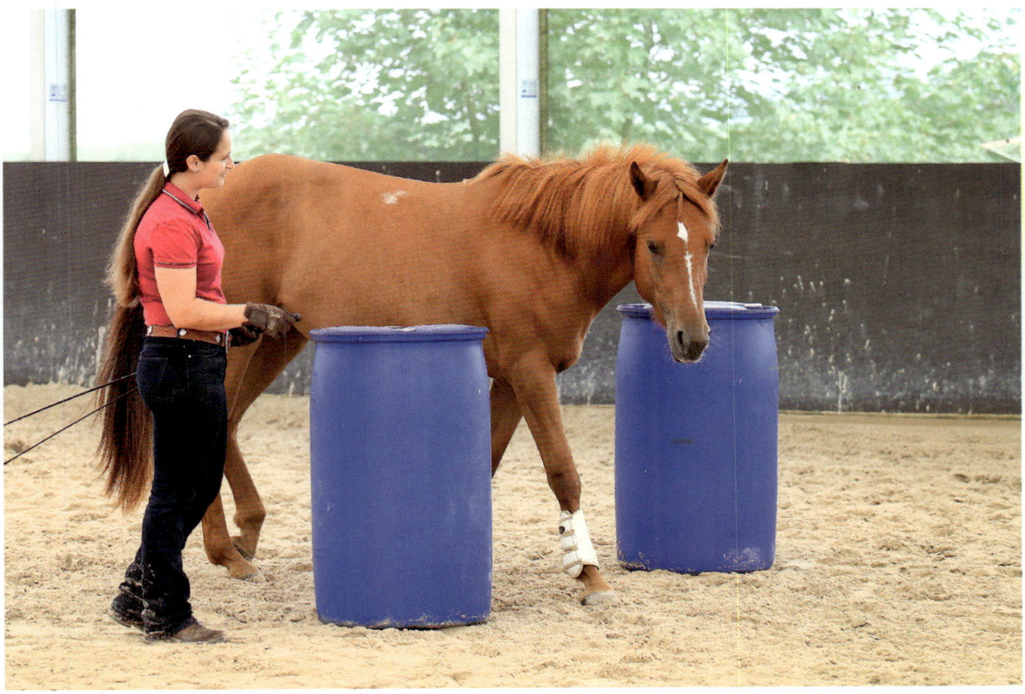

Die Enge zwischen den Stangen findet Mona angenehmer als zwischen Gegenständen, wie den Tonnen (Bild 1). Man kann das Stangen-L auch rückwärts durchreiten (Bild 2). Gut gemacht! Mona bekommt eine Pause und ist dabei in entspannter Haltung (Bild 3).

DER ERSTE MONAT

1	2	3	4	5	6	**7**
8	9	10	11	12	13	**14**
15	16	17	18	19	20	**21**
22	23	24	25	26	27	**28**
29	30	31				

DER ZWEITE MONAT

			1	2	3	**4**
5	6	7	8	9	10	**11**
12	13	14	15	16	17	**18**
19	20	21	22	23	24	**25**
26	27	28	29	30		

DER DRITTE MONAT

					1	**2**
3	4	5	6	7	8	**9**
10	11	12	13	14	15	**16**
17	18	19	20	21	22	**23**
24	25	26	27	28	29	**30**
31						

3

gen und trainiert damit auch das Verhalten des Pferdes unter kontrollierten Bedingungen, als wenn solch eine Situation plötzlich auftritt. So erhöhen wir die Wahrscheinlichkeit, auch im Ernstfall ruhig und bestimmt zu bleiben und dem Pferd aus der Situation heraushelfen zu können.

Die Mustangstute zeigt wie viel Energie in ihr steckt. Auch wenn wir mal in Spannungssituationen geraten – vielleicht sogar gewollt aus dem Komfortbereich hinausarbeiten – ist es äußerst wichtig, diese Situation rasch in eine angenehme umzuwandeln. Das unterstützt Mensch und Pferd, auch in brenzlichen Situationen klarzukommen und das Vertrauen zueinander zu stärken.

IMMER MEHR VERTRAUEN ERLANGEN

Mir ist es im Training und besonders mit einem Jungpferd sehr wichtig, Situationen zu erreichen, in denen anfängliche Skepsis in Wohlbehagen umschlägt. Wir können unsere Umwelt nicht derart beeinflussen, dass ein Pferd nicht auch mal in eine angstauslösende Situation gerät oder Furcht vor bestimmten Gegenständen verspürt. Darauf möchte ich das Jungpferd vorbereiten. Dabei können wir vor allem festigen, dass es sich an uns orientieren kann und bei uns Sicherheit findet. Wenn wir nur im Komfortbereich arbeiten und nie eine Situation auch mal über diese Komfortzone hinausgeht, kann man auch nicht üben, was dann zu tun ist, wenn eine Situation unangenehm wird. Dies kann zum Beispiel im Gelände passieren, wenn das Pferd etwas sieht, das es nicht kennt. Also übt man lieber seine Handlun-

WOCHE 2

DER ERSTE AUSRITT

Heute ist ein schöner Tag und ich möchte das erste Mal mit der Mustangstute alleine ausreiten. Wir waren bereits gemeinsam spazieren, damit sie die Welt außerhalb des Hofes auch kennen lernt. Diesem Pferd muss ich sicherlich nicht die Wildnis zeigen, denn in dieser ist sie die ersten Jahre aufgewachsen. Ich möchte aber sehen, ob sie mir auch in einer Umgebung vertraut, in der sie sonst gewohnt ist, auf sich selbst aufpassen zu müssen.

WICHTIGE GRUNDLAGEN VOR DEM AUSREITEN

Häufig haben Reiter das Ziel: »Ich möchte doch nur mit meinem Pferd ein bisschen ins Gelände.« Damit der Geländeritt wirklich entspannt und sicher vonstattengehen kann, muss er ein Ziel der gemeinsamen Ausbildung sein. Vor einem Geländeritt sollte eine bereits gefestigte Beziehung zwischen Mensch und Pferd bestehen, was bedeutet, dass der Mensch für das Pferd sowohl eine sichere Leitfigur darstellt als auch ein vertrauensvoller Partner, der dem Pferd in unangenehmen Situationen Schutz bietet. Die Grundlagen der Ausbildung – von Druck zu weichen, sich zu entspannen und diese Signale auch vom Sattel annehmen zu können – ist die wichtigste Voraussetzung, um mit dem Pferd sicher und entspannt vom Sattel aus das Gelände zu erkunden. Wenn die Kommunikation in einem sicheren Bereich wie Halle oder Platz gut funktioniert, kann man zumindest erwarten, trotz Ablenkungen und Unvorhersehbarkeiten im Gelände, dass es hier auch funktioniert.

ICH BLEIBE LEITFIGUR

Wir beginnen unseren ersten gemeinsamen Ausritt, indem ich mit Mona an der Hand hinausgehe, bevor ich aufsteige. Ich möchte ihr beim Spazierengehen zeigen, dass ich ihr Sicherheit geben kann. Sobald sie etwas abgelenkt ist, hole ich mir ihr Aufmerksamkeit. Ich lasse sie mal rückwärtsgehen oder ein paar Schritte seitwärts. Auf keinen Fall möchte ich, dass sie sich irgendwo festguckt oder meint, sich selber schützen zu müssen. Ich merke, dass sie im Gelände viel wacher auf ihre Umwelt reagiert als auf dem Hof, wo sie alles bereits sehr gut einschätzen kann. Sie ist ruhig und es stört sie gar nicht, dass sie von den anderen Pferden weg muss.

Wir gehen das erste Mal alleine ins Gelände. Ich gehe am Anfang neben Mona her, bevor ich aufsteige. Draußen reagiert sie sehr aufmerksam auf ihre Umgebung. Als Wildpferd hat sie gelernt, immer wachsam zu sein.

Nach etwa 100 Metern steige ich auf und gehe im Schritt mit ihr weiter. Ich versuche ihr auch jetzt ein paar Aufgaben zu geben und immer wieder Nachgiebigkeit abzurufen, damit sie möglichst mit entspannter Kopf-Hals-Haltung läuft. Sie ist recht »guckig«, was ich erst gar nicht gedacht hätte. Beim Darüber-Nachdenken wird mir klar, dass sie natürlich als wild aufgewachsenes Pferd im Gelände besonders in »Habacht-Haltung« ist. Ich vermittle ihr weiter Sicherheit durch Übungen, die sie schon vom Sattel aus kennt: Wir wechseln mal mit ein paar Seitwärtstritten die Wegseite oder ich lasse sie in eine leichte Stellung oder in die Tiefe nachgeben. Uns führt auch eine kurze Strecke durch den Wald, hier scheint Mona sich sicherer zu fühlen. Kaum sind wir aber auf dem Weg nach Hause, beschleunigt sie ihren Gang – obwohl sie diese Strecke nicht kennt. Der natürliche Instinkt scheint ihr tatsächlich zu sagen, dass sie die Sicherheit, die sie bereits im bekannten Hofgelände erlangt hat, möglichst schnell wieder erreichen sollte. Die Stute bleibt im Schritt, auch wenn dieser etwas flotter ausfällt. So war unser erster Ausritt zwar noch nicht ganz entspannt, aber er hat ohne Zwischenfälle geklappt!

MIT DEM JUNGPFERD ALLEIN INS GELÄNDE

Ich gehe mit einem unerfahrenen Pferd zunächst immer alleine ins Gelände. Ich halte seine Aufmerksamkeit bei mir und möchte, dass es sich an mir orientiert. Dadurch gebe ich ihm Sicherheit. Natürlich könnte ich auch ein erfahrenes Pferd mitnehmen, welches ruhig im Gelände ist, aber es lernt dadurch nicht auf den Menschen zu achten, der nun mal kein Pferd ist. Der Mensch soll dem Pferd ebenso Sicherheit vermitteln können. Situationen können noch schwieriger werden, wenn das Pferd anfangs gewöhnt war, immer einen Artgenossen bei sich zu haben. Ich wähle für die ersten Ritte zunächst kurze Strecken, dass die Konzentration auf mich nicht so lange andauern muss. Das Pferd soll immer mehr aus seiner natürlichen »Habacht-Haltung« herauskommen und sich entspannen können. Ich verlängere Dauer und Strecke beim Geländetraining Schritt für Schritt, so dass das Pferd sich bei mir immer sicherer fühlt.

GEWÖHNUNG AN DAS GEBISS

Meiner Meinung nach ist es ein wichtiger Sicherheitsaspekt, Pferde auch ans Gebiss zu gewöhnen. Im späteren Training kann man für die Verfeinerung von Lektionen dem Pferd am Gebiss sehr präzise die Kopf-Hals-Haltung und Stellung erklären, die es für eine gesunde Körperhaltung einnehmen soll. Wenn der Reiter sehr weich mit seiner Hand und dem Zügeldruck umgehen kann, ist diese feine Ausbildungsarbeit und auch die Sicherheit ebenso gebisslos zu erreichen. Aber leider sieht man es zu häufig, dass bei einer gebisslosen Zäumung die Pferde gelernt haben, gegen ein Gewicht auf der Nase zu gehen und sich an immer mehr Druck zu gewöhnen. Dies hat mit pferdegerechtem Reiten nicht mehr viel zu tun.

Bislang habe ich mit der Mustangstute mit einem multifunktionalen Kappzaum (Equizaum®) gebisslos gearbeitet. Mit diesem kann ich sowohl Kappzaumarbeit vom Boden aus machen als auch in der »Sidepull-Funktion« reiten. Ich habe außerdem die Möglichkeit, ein Gebiss einzuschnallen, was ich heute versuchen werde. Mona soll lernen, sich an das Gebiss zu gewöhnen, gerade wenn es später um das Ausreiten geht oder auch darum, die Stellung und Biegung zu verfeinern.

Als sie das Gebiss zum ersten Mal im Maul hat, kaut sie vermehrt und versucht natürlich erst einmal, mit diesem Fremdkörper im Maul klarzukommen. Ich mache mit ihr im Roundpen am Kappzaum Bodenarbeit, ohne das Seil ins Gebiss einzuschnallen. Sie soll sich nicht zu sehr auf das Gebiss konzentrieren, sondern auf die Übungen, die sie bereits kennt. Ich möchte, dass es ihr dadurch leichter fällt, sich an das Gebiss zu gewöhnen und es ruhig im Maul zu halten. Ich denke bei der Vorbereitung auf die Vorführung darüber nach, sie aus Sicherheitsgründen mit Gebiss vorzustellen. Ich werde die nächsten Tage sehen, wie sie sich daran gewöhnt. Nachdem sie gut mitgearbeitet und sich sowohl in einem Vorwärts-abwärts-Trab als auch im Galopp entspannt hat und keine übermäßige Maultätigkeit mehr zu sehen ist, befreie ich sie wieder vom Gebiss.

ERARBEITEN DER HINTERHAND-WENDUNG

Ich gehe schon recht früh dazu über, mit den Jungpferden Hinterhand- und Vorhandkontrolle zu erarbeiten. Durch die Arbeit vom Boden wird nicht nur die richtige Beantwortung der Signale geschult, sondern auch die Koordination des Pferdes verbessert. So baue ich in die ersten Übungen vom Sattel diese gymnastischen Elemente und die Arbeit an Hindernissen, die vom Boden schon bekannt sind, mit ein. Das schon beschriebene Lenken

Die Vorhandverschiebung ist hilfreich für die Lenkung, für das Erarbeiten der Hinterhandwendung und ideal zum Lockern der Schulter.

Hat das Pferd die Technik schon vom Boden aus gelernt, fällt die Umsetzung vom Sattel aus leichter.

DER ERSTE MONAT

1	2	3	4	5	6	**7**
8	9	10	11	12	13	**14**
15	16	17	18	19	20	**21**
22	23	24	25	26	27	**28**
29	30	31				

DER ZWEITE MONAT

			1	2	3	**4**
5	6	7	8	9	10	**11**
12	13	14	15	16	17	**18**
19	20	21	22	23	24	**25**
26	27	28	29	30		

DER DRITTE MONAT

					1	**2**
3	4	5	6	7	8	**9**
10	11	12	13	14	15	**16**
17	18	19	20	21	22	**23**
24	25	26	27	28	29	**30**
31						

über die Schulter kann nach und nach zur Vorbereitung einer Hinterhandwendung eingesetzt werden. Wenn das korrekte Kreuzen der Beine von unten gut erarbeitet wurde, so dass das folgende Bein vorne überkreuzt, kann diese Koordination fast direkt auf den Sattel übertragen werden.

Dann fange ich an, Schritt für Schritt die Hinterhandwendung zu erweitern. Das Jungpferd muss in diesem Ausbildungsstand noch nicht hinten innen stehen bleiben (wie beim Western-Spin), oder in der Biegung hinten mittreten (wie es die klassische Hinterhandwendung verlangt). Hier geht es zunächst einmal um die Koordination der Vorhand und darum, dass sich die Schulter lockert und das Jungpferd nach und nach mehr »auf die Hinterhand denkt«. Dafür übe ich mit ihr die Wendung aus der Volte mit leichter Innenstellung. Somit lernt sie die Richtung, in die die immer dynamischer werdende Bewegung gehen soll. Außerdem behält sie dadurch ein gewisses Vorwärts in der Übung bei, welches immer mehr auf die Stelle geholt wird. Eine zweite Variante, die ich mit ihr probiere, ist es, aus dem Rückwärts die Schulter zu versetzen. Wenn man das Pferd dabei in eine schöne Rückwärtsdynamik bekommt, die Hanken anfangen, sich zu beugen und Last aufzunehmen, lässt man die Vorhand zwei bis drei Tritte übertreten. Dies ist eine sehr schöne Übung, die die Hinterhand kräftigt und das Pferd auf die Hinterhand bringt.

Ich bin noch dabei, mit Mona die Dynamik im Rückwärts zu erarbeiten. Ich bin sehr froh, wenn sie meine Signale, die ich von oben gebe, gut versteht und auf meine erhöhte Körperspannung mit eigener Energieumsetzung reagiert. Ich lasse sie zum Beispiel ab und zu aus dem Rückwärts antraben, um ihre Reaktivität zu schulen. Es ist toll, dass ich mit der Mustangstute schon an den Verfeinerungen der Übungen arbeiten kann und an der Umsetzung von Signalen.

Wir können in der Reithalle gut arbeiten. Mona lässt sich kaum ablenken. Wenn ich im Sattel sitze, habe ich das Gefühl, dass sie weniger in Gegenspannung bei meinen Signalen kommt, als wenn ich vom Boden aus mit ihr arbeite. Vielleicht ist das die Direktheit am Boden, die sie aus der Herde kennt. Die Arbeit vom Sattel aus stellt für sie eine völlig neue Situation dar, die wir von Anfang an positiv behaften sollten.

WOCHE 3

VORBEREITUNG AUF DIE SHOW – DAS EVENT RÜCKT NÄHER

Mit all der guten Routine, die ich mit Mona schon erarbeitet habe, kommt natürlich immer wieder auch der Gedanken auf, was ich aus unserer Arbeit beim Abschluss-Event zeigen werde. Ich fühle mich auf ihr im Sattel schon recht wohl, auch die Boden- und Freiarbeit macht sie sehr schön. Auf was ich dennoch immer achten muss, besonders wenn ich mit ihr frei arbeite, ist meine eigene Körperspannung nicht aus Versehen hochzufahren. Es kann immer mal vorkommen, dass sie es als Provokation sieht, wenn ich mich im Freilauf zu ihr umschaue. Sie beantwortet den Druck dann mit angespannter Mimik.

MIT FAHNE REITEN

Auf dem Event möchte ich zeigen, wie gelassen Mona ist. Ich fange an, mit einer Fahne sowohl vom Boden als auch vom Sattel aus zu arbeiten. Die Fahne kennt sie bereits, da ich sie ab und zu mit ihr abgestrichen habe. Ich plane, mit schwingender Fahne zu reiten. Am Boden kann ich Mona die Fahne bereits über den Hals und über den Kopf legen. Heute möchte ich versuchen, vom Sattel aus mit der

Wir machen immer mehr in der Freiarbeit. Mona reagiert schon unglaublich fein! Ich muss allerdings sehr auf meine eigene Körperspannung achten. Ist sie zu hoch oder schaue ich die Stute zu direkt an, kann das zu einer Überreaktion bei ihr führen (Bild 1). Wichtig ist, das dann nicht emotional zu sehen oder sie dafür zu tadeln. Ich entspanne mich in solch einer Situation und mache positiv weiter (Bild 2).

DER ERSTE MONAT

1	2	3	4	5	6	**7**
8	9	10	11	12	13	**14**
15	16	17	18	19	20	**21**
22	23	24	25	26	27	**28**
29	30	31				

DER ZWEITE MONAT

			1	2	3	**4**
5	6	7	8	9	10	**11**
12	13	14	15	16	17	**18**
19	20	21	22	23	24	**25**
26	27	28	29	30		

DER DRITTE MONAT

					1	**2**
3	4	5	6	7	8	**9**
10	11	12	13	14	15	**16**
17	18	19	20	21	22	**23**
24	25	26	27	28	29	**30**
31						

Fahne zu arbeiten. Ich lege sie mir auf die Bande, sodass ich sie von dort abholen kann. Sie bleibt zunächst zusammengerollt. Nachdem ich sie aufgenommen habe, streiche ich Monas Schulter von oben damit ab. Ich gehe in die Mitte des Zirkels und fange an, damit auch ihre Hinterhand abzustreichen und die Fahne nach und nach zu öffnen. Ich lasse Mona dabei den Kopf senken und halte die Fahne immer wieder still, wenn sie gut mitmacht. Ich schaffe es, die Fahne nach links und rechts schwingen zu lassen und ein paar Schritte damit vorwärts zu reiten. Die unglaubliche Gelassenheit dieses Pferdes erstaunt mich immer wieder!

Der Galopp auf dem Zirkel funktioniert auf beiden Händen schon sehr gut. Mona galoppiert für ihr Alter recht ruhig und nimmt eine schöne Selbsthaltung ein.

Das freie Zirkeln im Galopp und anschließende Heranholen macht Mona schon gut. Sie achtet dabei sehr fein auf meine Körpersprache und erkennt, wann ich diese zum Angaloppieren erhöhe und sie zur Belohnung wieder absenke.

ABLÄUFE ÜBEN

Ich möchte mich in den letzten beiden Wochen mit Mona damit beschäftigen, besondere Abläufe beim Reiten zu üben. Ich fange an, Übergänge zu verfeinern oder reite auch mal einen einfachen Galoppwechsel. Ich bewege mich mit ihr immer mehr auf der ganzen Bahn und versuche, beim Geradeausreiten im Trab auch ihre Nachgiebigkeit zu erhalten. Dies fällt ihr jedoch noch sichtlich schwer. Wenn ich eine Volte einbaue, schaffe ich es, dass sie mir streckenweise in der Hand schön weich wird und für ein paar Sekunden in eine Selbsthaltung kommt.

Auch in der Bodenarbeit möchte ich mit ihr bestimmte Elemente aufeinanderfolgend üben. Mein Ziel ist es, beim Abschluss-Event innerhalb weniger Minuten zu zeigen, wie fein Mona schon auf meine Körpersprache reagiert. Freies Folgen und freies Seitwärts klappen bereits sehr gut sowie das Verschieben der Vor- und Hinterhand.

Ich überlege mir bereits, wie ich diese Elemente aneinanderreihen kann und welche Musik dazu passen könnte. Wenn ich mir vor Augen führe, dass die gemeinsame Zeit bald vorbei sein wird, werde ich emotional. Es sind Gefühle, die ich aus meiner Arbeit mit den vielen Berittpferden, die ich schon ausgebildet habe, nicht kenne. Mona ist besonders und zeigt mir jeden Tag, wie viel wir Pferdeleute auch heute noch von diesen Tieren lernen können!

LEKTIONEN FÜR DIE KÜR

In den letzten Tagen habe ich mit Mona weiter an der Verfeinerung der Hinterhandwendung gearbeitet. Das Seitwärts vom Sattel aus haben wir für die Kür in ein Viereck-Verkleinern-und-Vergrößern umgesetzt. Seit dieser Woche schaffen wir tatsächlich schon auf beiden Seiten einen einfachen Galoppwechsel! Monas besondere Stärke ist ein schönes Vorwärts-Abwärts im Leichttraben, dies möchte ich in der »Dressur«-Kür auf jeden Fall zeigen. Dadurch, dass ich von Anfang an auf eine entspannte Kopf-Hals-Position geachtet habe, ist dies jetzt eine ihrer Lieblingsübungen geworden. Es wäre toll, wenn wir beide auch in dieser besonderen Atmosphäre die Abläufe sicher zeigen könnten.

DIE EIGENE KONZENTRATION AUFRECHTERHALTEN

Wenn man als Trainer in der Öffentlichkeit steht, die Arbeit von außen begutachtet und von kritischen Augen beurteilt wird, ist es wichtig, die Konzentration auf das Wesentliche zu behalten. Wichtige Regeln sind: Die klare und faire Kommunikation mit dem Pferd, das Pferd und sich selbst nicht zu überfordern, sondern nur das Machbare zu verlangen. Sich immer wieder auf

Es ist etwas ganz Besonderes zwischen mir und der Mustangstute entstanden. Uns verbindet ehrlicher Respekt voreinander und tiefes Vertrauen.

etwas zu konzentrieren, bedeutet auch Ruhephasen einzuhalten, auch wenn man merkt, dass man nicht mehr viel Zeit miteinander verbringen wird. Konzentration bedeutet außerdem, aus der Ruhe heraus zu agieren und nicht in Hektik oder Druck zu verfallen. Man sollte mit dem zufrieden sein, was man bislang gemeinsam erreicht hat.

SICH NICHT UNTER DRUCK SETZEN

Wir können uns oft nicht gegen Druck wehren. Häufig ist es gar nicht die Umwelt, die dazu führt, sondern der Anspruch an sich selbst, etwas gut zu machen, was einen unter Druck setzt. Ich finde es dabei besonders wichtig, dass man zu dem steht, was man macht. Man sollte nur Dinge mit Pferden tun, die man moralisch vertreten kann und bei denen man sicher ist, dass sie richtig sind. Außerdem finde ich es wichtig, sich selbst und auch dem

Die schönen Momente mit der Mustangstute genießen und sich selbst nicht unter Druck setzen, das steht für mich jetzt an oberster Stelle.

DER ERSTE MONAT

1	2	3	4	5	6	**7**
8	9	10	11	12	13	**14**
15	16	17	18	19	20	**21**
22	23	24	25	26	27	**28**
29	30	31				

DER ZWEITE MONAT

			1	2	3	**4**
5	6	7	8	9	10	**11**
12	13	14	15	16	17	**18**
19	20	21	22	23	24	**25**
26	27	28	29	30		

DER DRITTE MONAT

					1	**2**
3	4	5	6	7	8	**9**
10	11	12	13	14	15	**16**
17	18	19	20	21	22	**23**
24	25	26	27	28	29	**30**
31						

Tier gegenüber Fehler einzugestehen. Fehler sollten generell nicht zu hoch gehängt werden. Bei diesem Projekt ist es schön, dass wir das zeigen können, was wir bisher erreicht haben, und dass das, was noch nicht funktioniert, nicht als negativ oder schlecht bewertet wird. Bei solch einem Event die Fairness – also »Horsemanship« – zu bewerten, sehe ich als einen der wichtigsten Punkte.

DRUCK ERZEUGT GEGENDRUCK – DURCHLÄSSIGKEIT UNTER DEM SATTEL ERARBEITEN

Mensch und Pferd können auf inneren und äußeren Druck reagieren. Beides kann beim Pferd eine Abwehrhaltung auslösen. Bei Mona wird dies immer noch deutlich, hier ein Beispiel: Wenn eine Situation für sie unsicher oder noch unklar ist, führt dies immer mal wieder dazu, dass sie meine Hilfe über Bein oder Hand mit Gegendruck beantwortet.

In der Interaktion zwischen Mensch und Pferd ist dieses Verhalten schwierig. Gegen unseren Druck zu arbeiten bedeutet, dass der Mensch sich in der schwächeren Position befindet, wodurch auch gefährliche Situationen entstehen können. Man male sich nur Folgendes aus: Das Pferd muss unbedingt an einer Straße anhalten, zieht aber gegen den Zügel ins Vorwärts!

Aus diesem Grund ist es mir sehr wichtig, dass ich in Trainings-Situationen, bei denen dieses Verhalten auftaucht, dem Pferd einen anderen Lösungsweg zeige. Ich möchte in diesen wenigen Einheiten, die ich noch mit der Mustangstute habe, immer weiter an der feinen und klaren Kommunikation zwischen uns arbeiten. Das bedeutet von meiner Seite aus genau darauf zu achten, dass Mona bei der Sache ist, also bereit ist, auf meine Signale aufmerksam zu reagieren. Wichtig ist auch, dass ich mit der richtigen Reizintensität arbeite und dabei den Druck sowohl präzise steigern als auch sofort nachlassen kann, wenn sie die richtige Antwort zeigt.

Wir haben uns bereits eine schöne Kommunikation vom Sattel aus erarbeitet. Wenn ich meine Körperspannung erhöhe, geht Mona vorwärts, auf verschiedene Positionen des Beins weicht sie mit der Schulter, der Hinterhand oder geht seitwärts. Ich bekomme, wenn ich Bein und Hand kombiniere, schon eine angenehme Nachgiebigkeit entweder ins Vorwärts-Abwärts oder die Stute geht sekundenweise am lockeren Zügel in einer Selbsthaltung.

Ich reite in diesen Tagen immer wieder Übergänge mit ihr, lasse sie aber auch viel geradeaus gehen, um zu überprüfen, ob wir schon auf gerader Linie eine Einrahmung und eine Nachgiebigkeit erreichen. Dies wird von Mal zu Mal besser. Unsere Galoppzirkel verschiebe ich mal vom unteren auf den oberen Zirkel oder gehe mit dem Pferd auf den Mittelzirkel. Wenn ein Mittelzirkel im Galopp klappt, ist das für mich ein Zeichen dafür, dass ich schon eine gute äußere Einrahmung erreicht habe. Ich bin immer wieder erstaunt

Um den Galopp weiter zu schulen, arbeite ich mit Mona am Kappzaum. Wichtig sind mir dabei Phasen der positiven Spannung, in der sie lernt, sich selbst zu tragen (Bild 1), und lösende Phasen im Trab in Dehnungshaltung (Bild 2).

über Monas gesetzten und ruhigen Galopp, der für ihr Alter und diese kurze Ausbildungszeit besonders ist. Vielleicht liegt es daran, dass sie von sich aus keine hohe Geschwindigkeit wählen würde. Aber besonders durch ihren Körperbau und die schnelle Auffassungsgabe schafft sie es, in einem schon recht getragenen Tempo zu galoppieren.

AUF FEINE HILFEN SCHULEN

Dass das Pferd auf feine Hilfen reagiert, egal ob vom Boden oder vom Sattel aus, liegt am Gefühl und am Timing des »Reizgebers«, also am Menschen. Im richtigen Moment ein Signal auch zu erhöhen, bis dieses beantwortet wird, und sofort den Druck, der dadurch entsteht, wieder wegnehmen zu können, verlangt kontrolliertes Handeln. Das Jungpferd lernt unglaublich schnell. Es würde auch lernen, dem Druck anders zu entgehen, zum Beispiel, in dem es »dagegen geht«, d.h. den Druck hält oder selbst Gegendruck aufbaut.

Druck kann auch Abwehr auslösen, was unter natürlichen Bedingungen manchmal als das Logischste und Effektivste erscheint – dies habe ich bei der Mustangstute immer wieder erlebt. Abwehr lässt das Pferd nicht das eigentliche Ziel unserer Hilfen verstehen, dass es, wenn es dem Druck weicht, sofort dafür belohnt wird. In diesen wenigen Sekunden präzise zu reagieren ist für uns Menschen nicht einfach, aber eine notwendige Voraussetzung, damit das Pferd eine feine Durchlässigkeit überhaupt lernen kann.

DIE EIGENE KÖRPERSPRACHE UNTER KONTROLLE HABEN

Nicht nur die Mustangstute, die sehr fein auf Körperspannung und äußeren Druck reagiert, sondern jedes unserer Pferde nimmt körpersprachliche Signale von Natur aus sensibel wahr. Wenn Pferde dies nicht mehr tun – wie es manchmal bei unseren Hauspferden der Fall ist – wirken sie wie »abgeschaltet« auf die Reizflut, die sie vielfach erfahren. In diesem Fall besitzen die Signale keine Relevanz mehr. Dann haben wir das »triebige« Pferd, welches sich lethargisch in seine Welt verkriecht, was nach außen hin oft mit »Ruhe« und »Entspanntheit« verwechselt wird.

Auf der anderen Seite können wir durch missverständliche Signalgebung ein übersensibles Pferd herantrainieren, was nicht lernen konnte, dass nicht jedes Signal des Menschen einen Fluchtreiz darstellt.

Die Lerneffekte, die dahinterstecken, sind sehr fein und zum Teil unbewusst vom Menschen gegeben und vom Pferd wahrgenommen. Viele prägende Lerninhalte entstehen in den ersten Begegnungen und beim Anreiten zwischen Mensch und Jungpferd. Dabei wird vom Pferd abgespeichert, nach welchem Prinzip es mit unseren Signalen umgeht, um sich selbst zu schützen oder zu helfen. Diese hochsensible Anfangsphase

Es kann nicht immer alles glatt laufen! Das Training dennoch positiv zu gestalten, ist enorm wichtig, auch wenn das Pferd in neuen Lernphasen mal Unverständnis zeigt (Bild 1). In diesem Fall sollte die Übung ruhig und klar weiter erklärt werden, bis das Pferd den richtigen Ansatz zeigt (Bild 2). Spätestens nach ein paar Minuten muss wieder Ruhe und Entspannung einkehren (Bild 3).

bedarf also eines Menschen, der seine Körpersprache und sein Tun unter Kontrolle hat. Der kontrolliert und mit Gefühl an diese Begegnung herangeht und weiß, was er mit seinem Handeln auslöst.

WOCHE 4

ROUTINE BEIM REITEN

In der gemeinsamen Zeit, die uns noch bleibt, möchte ich gerne weiter Routine in Monas Alltag bringen. Heute integriere ich sie in meinen Unterricht. Ich setze mich entspannt auf sie, während ich unterrichte. Sie hat dabei meistens Pause, ab und zu zeige ich an ihr, wie ich die Nachgiebigkeit erarbeite oder die Hilfen für die ersten Seitwärtsgänge. Sie macht ihre Sache toll, bleibt ruhig stehen, während andere Pferde um sie herum arbeiten. Ich kann auch bei ihr immer wieder Reaktionen abrufen. Mona zeigt dabei bereits eine gewisse Routine: Ich sitze auf ihr, fühle mich selbst wohl und tatsächlich kann ich mich zwischendurch auf etwas anderes konzentrieren und sie wird überhaupt nicht unruhig dabei.

Die Abläufe, die Mona bei der Vorbereitung am Putzplatz, bei der Arbeit am Boden und beim Reiten schon gut kennt, geben ihr Sicherheit und scheinen sie nicht mehr zu beunruhigen. Natürlich versuche ich Abwechslung und auch weiter neue Dinge ins Training zu integrieren, um sie aufmerksam zu halten. Dies wird sicherlich auch für die Zukunft bei ihr wichtig sein: einerseits für Sicherheit zu sorgen, die ein Jungpferd durch gleiche Abläufe erfährt, aber auch immer wieder die Lernfähigkeit und die Konzentration zu schulen. Gerade bei einem Pferd mit solch schneller Auffassungsgabe und gutem Lernvermögen, sind neuen Erfahrungen wichtig. Dadurch verhindert man, dass es sich selbstständig Verhaltensweisen aneignet, die man nicht möchte.

DER ERSTE FREMDE REITER

Bislang bin nur ich auf Mona gesessen. Heute ist es soweit, ich frage eine fortgeschrittene Schülerin, ob sie aufsteigen und ein paar Runden mit ihr gehen möchte. Ich habe zuvor mit der Stute etwas trainiert, sie hat dabei sehr gut mitgemacht. Ich habe ein gutes Gefühl, sonst hätte ich die Schülerin nicht gefragt. Mir ist es wichtig zu sehen, wie Mona auf einen fremden Reiter reagiert, bevor sie zu ihren neuen Besitzern kommt. Ich möchte eine realistische Einschätzung darüber abgeben können, wenn auf dem Event Interessenten auf mich zukommen. Es wird sich nun zeigen, ob sie die Signale bei anderen genauso annimmt, wie bei mir.

Beim Aufsteigen der Schülerin wirkt Mona etwas unruhig. Sie schaut sich um und versucht zu zwicken. Dieses Abwehrverhalten zeigt sie nach wie vor in Situationen, die bei ihr Spannung oder Unsicherheit verursachen. Die Schülerin soll sich, sobald sie im Sattel sitzt, selber lockern und

Der Hufschmied besucht uns noch einmal und kontrolliert und bearbeitet die Hufe. Mona steht, als hätte sie nie etwas anderes gemacht. Sie bekommt in Alltagssituationen immer mehr Routine.

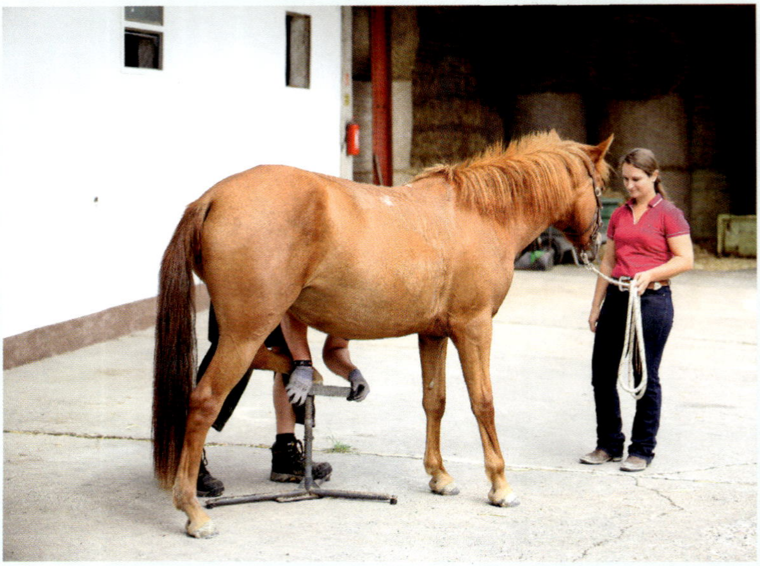

durch Schwingen der Beine das Pferd dazu bringen, entspannt den Kopf zu senken. Diese Abläufe kennt Mona. Sie sollen ihr Sicherheit geben und zeigen, dass Abwehrverhalten nicht in jeder Situation eine Lösung ist.

Wir schaffen ein paar Runden im Schritt und auch im Trab. Man merkt schon jetzt, dass man weiterhin mit ihr am Vorwärts arbeiten muss, das wird die Aufgabe des nächsten Besitzers sein. Das leichte Gegenspannen auf ein vorwärtstreibendes Bein kann innerhalb von wenigen Sekunden gelöst werden, wenn man nur präzise das Signal erhöht und sofort wieder wegnimmt, wenn Mona das Vorwärts zeigt. Es wird von Runde zu Runde entspannter. Auch die Reiterin, die aus anfänglicher Vorsicht eher zaghaft reagiert hat, wird nun klarer in ihrer Signalgebung. Mona wird flotter im Trab und streckt sich ab. Ich bin unglaublich froh, dass dieser erste »Fremdreitertest« von ihr bestanden wurde. Mir reicht es vollkommen zu sehen, dass die Reaktionen auch bei jemand anderem abrufbar sind. Ich möchte sie in diesem frühen Stadium nicht mit weiteren fremden Reitern »ärgern« oder überfordern.

SCHRITT, TRAB UND GALOPP AUF FREIER WIESE – WIE GUT IST DIE EINRAHMUNG?

Heute haben wir ein Fotoshooting. Die gemeinsame Zeit geht tatsächlich dem Ende entgegen. Ich weiß, dass ich Mona bald in einem Stadion reiten soll. In der großen Arena wird die Einrahmung fehlen, die unsere Reithalle bietet. Die vielen Zuschauer und die Atmosphäre werden für neue Reize sorgen.

Heute haben wir uns dazu entschlossen, Mona auf einer Wiese und auf einem Stoppelfeld zu reiten. Nun wird sich zeigen, inwieweit sie schon »bei mir bleibt« und ob das Gelernte draußen und ohne die Begrenzung eines Reitplatzes übertragbar ist. Ich fühle mich auf Mona grundsätzlich sehr wohl. Sie hat mir noch nie das Gefühl gegeben, dass sie sich unter mir übermäßig anspannt oder mich loswerden will. Sie drückt zwar immer noch hin und wieder gegen die Einrahmung durch das Bein oder den Zügel und testet dabei, ob der Druck verschwindet, wenn sie selbst Druck dagegensetzt. Genauso gibt es diese Momente, in denen ich das Gefühl habe, dass wir

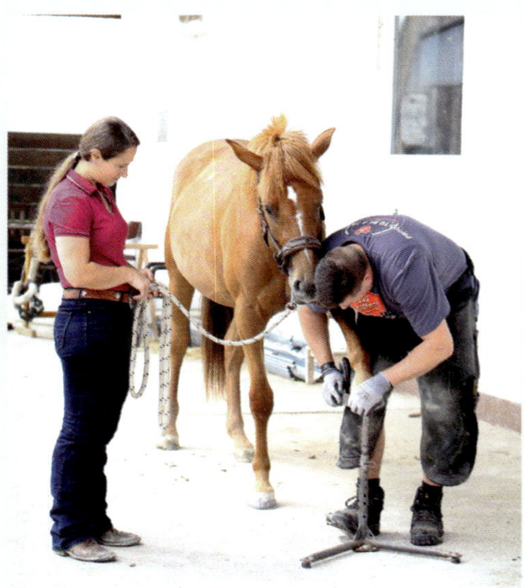

Die Mustangstute muss erst ein bisschen Spannung loswerden, bevor wir das erste Mal richtig draußen reiten!

DER ERSTE MONAT

1	2	3	4	5	6	**7**
8	9	10	11	12	13	**14**
15	16	17	18	19	20	**21**
22	23	24	25	26	27	**28**
29	30	31				

DER ZWEITE MONAT

			1	2	3	**4**
5	6	7	8	9	10	**11**
12	13	14	15	16	17	**18**
19	20	21	22	23	24	**25**
26	27	28	29	30		

DER DRITTE MONAT

					1	**2**
3	4	5	6	7	8	**9**
10	11	12	13	14	15	**16**
17	18	19	20	21	22	**23**
24	25	26	27	28	29	**30**
31						

uns komplett einig sind. Ein Gefühl von Feinheit, Durchlässigkeit und Motivation!

Ich bin gespannt, wie das Arbeiten ohne äußere Umrandung laufen wird. Auch auf der Wiese fange ich zunächst vom Boden aus an zu arbeiten. Es fällt Mona sichtlich schwer, nicht nach dem Gras zu haschen. Erschwerend kommt hinzu, dass viele Fliegen unterwegs sind, was das Pferd sichtlich nervt. Ich setze das Training trotzdem fort. Ich erarbeite mir Aufmerksamkeit und Durchlässigkeit durch weichende Übungen.

Mona scheint angespannt und ist sichtlich mehr »geladen« als sonst. Ich lasse sie ihre Energie etwas im Vorwärts loswerden und gehe anschließend wieder in ruhigere Phasen am Boden über. Dann steige ich auf. Dieser Moment ist etwas Besonderes. Ich atme durch und beginne mit ihr zunächst größere Zirkel und Volten zu reiten. Es funktioniert!

Auf dieser weitläufigen Fläche ist es großartig mit ihr, was für ein Gefühl, dass sie sich von mir so gut lenken und steuern lässt! Wir wechseln auf das benachbarte Stoppelfeld. Ich trabe und galoppiere mit Mona wieder auf großen Zirkeln. Dieses Gefühl von Freiheit, Sicherheit und Harmonie, welches ich in diesem Moment empfinde, ist unbeschreiblich!

Es zeigt mir, dass die Vorbereitung gelungen ist und Mona mir wirklich vertraut. Sie nimmt die reiterlichen Hilfen auf diesem großen Gelände sogar besser an, als in der Halle. Natürlich verliert sie im Galopp auch mal die Zirkellinie nach außen, was man einem Jungpferd in diesem Ausbildungsstand durchaus zugestehen kann. Gut ist, dass ich hier draußen mehr Zeit habe, sie einzurahmen, bevor die nächste Kurve kommt. Sie scheint jetzt auch am Vorwärts Freude zu empfinden.

Als freiheitsliebendes Tier kann sie draußen viel mehr von ihrer Umgebung sehen. Sie scheint sich ohne Wände und ohne Dach wohler zu fühlen – weiter Blick und freie Bewegung.

Anders als beim Ausreiten, wo sie die Umgebung beobachtet hat, können wir nun konzentrierter miteinander arbeiten. Sie hat nicht mehr das Gefühl, auf sich selbst aufpassen zu müssen, sondern bleibt mit der Konzentration bei mir. Sie fühlt sich merklich wohler. Ich bin mir sicher, dass sie dieses Verhalten auch bald beim Ausreiten zeigen wird. Der Mensch gibt ihr Schutz und sie darf sich wohlfühlen.

Zusammen frei sein: Ein unbeschreibliches Gefühl! Man merkt der Stute an, dass sie sich auf dem freien Feld sehr wohl fühlt.

DER ERSTE MONAT

1	2	3	4	5	6	**7**
8	9	10	11	12	13	**14**
15	16	17	18	19	20	**21**
22	23	24	25	26	27	**28**
29	30	31				

DER ZWEITE MONAT

			1	2	3	**4**
5	6	7	8	9	10	**11**
12	13	14	15	16	17	**18**
19	20	21	22	23	24	**25**
26	27	28	29	30		

DER DRITTE MONAT

					1	**2**
3	4	5	6	7	8	**9**
10	11	12	13	14	15	**16**
17	18	19	20	21	22	**23**
24	25	26	27	28	29	**30**
31						

RUHE BEWAHREN VOR DEM EVENT

Es sind nur noch wenige Tage, bis wir uns nach Aachen aufmachen werden. Ich bin in den letzten Tagen immer wieder unsere kleine Vorführung am Boden und im Sattel durchgegangen. Ich reite mit einer Fahne und wir machen vom Boden aus weichende und folgende Übungen aus der Freiarbeit. Ich versuche, die Abläufe sehr genau der Musik anzupassen, denn wir haben jeweils nur ein paar Minuten Zeit.

Die »Dressurkür«, die ich mit ihr zeigen werde, beinhaltet Schritt, Trab und Galopp. Außerdem zeige ich ein wenig Seitwärts und eine Hinterhandwendung. In unserer täglichen Routine klappen diese Dinge schon recht gut, nur das Ganze präzise zur Musik abzurufen, ist natürlich eine andere Herausforderung. Verständlicherweise steigt auch die Aufregung in mir: Wie wird es werden? Wie wird Mona sich in dieser Atmosphäre verhalten, die noch einmal ganz anders sein wird, als die bei den bisherigen Vorführungen? Viele Augen werden zuschauen. Aber dies ist gar nicht das, was mich nervös macht. Für mich ist es nur wichtig zu sehen, ob die bisherigen Schritte gereicht haben. Hat meine Ausbildungsmethode gereicht, um auch unter diesen Bedingungen Stand zu halten? Wird Mona mir Vertrauen schenken? Was passiert, wenn die Mustangherde sich wiedersieht? Wird dann überhaupt noch ein konzentriertes Arbeiten mit den Pferden möglich sein?

Das sind eher die Dinge, die mich umtreiben, nicht dass ich vor Publikum etwas zeigen muss. Das stellt für mich eine gewisse Routine dar. Aber was passiert zwischen Mona und mir auf diesem Event?

WIE VIEL DARF ICH VON IHR VERLANGEN?

Für die Vorführung habe ich Übungen ausgewählt, die schon gut in unserer täglichen Arbeit funktionieren. Was die Anforderungen in den Prüfungen auf dem Event sind, wissen wir nur grob. Klar ist, dass es verschiedene Ausführungsstufen geben wird, für die wir uns in dem Moment entscheiden können. Ich werde uns beide nicht unter Druck setzen, weil andere vielleicht weiter sind oder es besser aussehen

Wellness ist angesagt. Die Mustangstute genießt die kühle Dusche an diesem warmen Tag. Mir ist es wichtig, dass wir uns beide immer wieder entspannen. Ich trainiere mit ihr in kurzen und konzentrierten Einheiten mit reichlich Erholungspausen dazwischen. Wir haben schon so viel gemeinsam geschafft, so dass wir die letzte Zeit auch zusammen genießen!

würde, wenn sie schon mehr könnte. Ich werde alles in dem Moment entscheiden, wenn es soweit ist. Ich werde dann merken, was Mona bereit ist zu zeigen und was noch nicht.

MIT ODER OHNE GEBISS REITEN?

Mona hatte bereits ein paarmal das Gebiss im Maul und ich bin auch schon damit geritten. Ich merke aber, dass der Druck im Maul für sie noch ungewohnt ist. Sie reagiert zwar etwas präziser bei manchen Nachgiebigkeitsübungen, kommt aber auch schnell in eine Abwehrhaltung, wenn ihr dieser Druck zu viel wird. Ich weiß noch nicht, wie ich es in Aachen machen werde. Ich nehme das Gebiss mit, vielleicht gibt es mir einfach Sicherheit, wenn ich weiß, sie damit reiten zu können. Aber entscheiden werde ich es vor Ort.

Wir sind in Aachen angekommen. Ob es mit der Boxennummer 13 etwas auf sich hat?

DAS EVENT – EMOTIONEN PUR

Wir kommen einen Tag vor der Veranstaltung in Aachen an. Das Verladen und auch der Transport haben gut funktioniert. Als wir endlich da sind, ist dies ein schönes Wiedersehen mit all den Mustangs und den Trainerkollegen. Es tut gut, all die anderen Trainer zu treffen und sich endlich persönlich austauschen zu können. Es ist spannend zu hören, wie es den anderen ergangen ist. Das Wiedersehen der Pferde läuft unerwartet unspektakulär ab. Sie sind tatsächlich sehr auf ihre Trainer konzentriert und wiehern nicht einmal nacheinander, sondern nehmen die Situation sehr gelassen hin. Wir beziehen unsere Box (eine normal große Box mit Fenster) und ich denke gleich daran, dass es für Mona eine Herausforderung sein wird, in dieser ungewohnt kleinen Box ein paar Nächte zu verbringen.

Nach etwas Eingewöhnungszeit nehme ich Mona aus der Box und zeige ihr das große Stadion. Unglaublich, wie entspannt sie alles hinnimmt!

Ich gehe ein paar erste ruhigen Runden zu Fuß durchs große Stadion mit ihr, dann lasse ich sie einige vertraute Bodenarbeitsübungen machen. Sie macht sehr gut mit und die anderen Mustangs scheinen sie keineswegs abzulenken.

Ich entschließe mich dazu, sie zu satteln und auch heute schon zu reiten. Die anderen Trainer arbeiten zum Teil vom Boden aus, manche reiten. Alle Pferde sind erstaunlich ruhig und sind ganz bei ihren Menschen. Auch das Reiten im großen Stadion funktioniert. Auf dieser großen Fläche muss man gut einrahmen, aber ich kann Schritt, Trab und Galopp abrufen sowie Seitwärts und die Hinterhandwendung. Ich bin positiv überrascht, weil ich mir vorher nicht wirklich vorstellen konnte, wie Mona reagieren wird, besonders mit den anderen, ihr bekannten Pferden.

Der Abend vor dem großen Event. Ich kann vom Boden und vom Sattel alles entspannt abrufen. Was für ein Gefühl, in diesem großen Stadion zu reiten.

Ich reite zunächst ohne Gebiss, dann wechsle ich ab. Ich merke, dass sie sich mit dem Gebiss im Maul nicht so wohl fühlt und eher unter Spannung gerät. Sie hatte das Gebiss auch noch nicht allzu oft im Maul. Ich fühle mich ohne Gebiss mit ihr wohler und beschließe, auch in den Prüfungen gebisslos anzutreten.

Nach ein paar gelungenen Runden steige ich wieder ab, zeige ihr noch den anderen Außenplatz und bringe sie dann zurück in ihre Box.

Wir bringen alles, was wir zur Versorgung von Mona dabeihaben, sowie Dinge für den Standaufbau und das Showequipment, in eine extra dafür vorbereitete Box neben Mona und richten uns ein. Ich bin sehr froh, dass meine liebe Freundin Joanna dabei ist, mir hilft und mich vor allem auch moralisch unterstützt. Die Zeit, die hinter uns liegt, war intensiv und anstrengend. Jetzt heißt es seine Kräfte nochmals zu sammeln, Ruhe zu bewahren und sich selbst treu zu bleiben.

Wir haben noch einige Vorbesprechungen heute. Die Begrüßung und Vorstellung der Trainer vor Publikum wird besprochen sowie der Ablauf der Prüfungen. Wir bekommen nun das erste Mal unsere Aufgaben ausgehändigt und besprechen diese. Die Aufgaben sind gut zu lösen, sind aber unter diesen Bedingungen natürlich eine Herausforderung. Jetzt kommt es darauf an, wie die Stute morgen auch vor Publikum bei mir bleiben wird und sich konzentrieren kann.

Es geht los: It`s Showtime!

EINE PRÜFUNG FÜR UNS BEIDE

Die Prüfungen laufen: Wir bereiten uns in einer Abreitehalle vor. Ich versuche mich auf mich und die Mustangstute zu konzentrieren. Es sind sehr viele Menschen da, das Stadion ist ausverkauft. Jetzt ist es wichtig, konzentriert zu bleiben und das zu machen, was ich mir vorgenommen habe: anfragen, was geht, und ansonsten einen Gang zurückschalten. Ich werde Mona das machen lassen, was sie in dem Moment bereit ist zu tun.

Wir reiten in das große Stadion ein: 6.000 Menschen! Das übertrifft jede Vorführung oder Meisterschaft, die ich bislang in meiner reiterlichen Karriere erlebt habe. Mona und ich konzentrieren uns auf die Trailaufgaben. Ich spüre mehr Anspannung in ihr als gestern Abend. Aber wir kennen diese Situation. Wenn ich sie weiter auf mich und die Aufgaben konzertiere, wird es besser werden! Sie schafft sogar die Brücke mit mir zusammen, die sie am Abend vorher noch skeptisch beäugt hat.

Der Trail ist gut gelaufen. Wir haben nicht alle Hindernisse bis zuletzt geschafft, weil wir etwas länger gebraucht haben. Ich habe mir Zeit gelassen. Mona ist an einem Springbrunnen mit mir vorbeigegangen, ich bin aufgestiegen, wir haben ein Rückwärts-L durchquert und sind durch zwei eng stehende Tonnen gegangen. Das Aufnehmen einer Jacke vom Sattel aus, war ihr doch zu gruselig, deswegen bin ich in Ruhe zu Ende geritten.

Mona ist mit ihrer Konzentration bei mir, aber ich merke, dass natürlich zuhause mehr möglich gewesen wäre. Diese Abstriche sind mir klar und ich nehme sie ihr keineswegs übel. Es ist tatsächlich so, dass ich das Publikum ziemlich ausblenden kann. Aber die Spannung unter mir spüre ich sehr wohl. In diesem Moment geben wir einfach unser Bestes und ich versuche, ihr trotz alledem Sicherheit zu bieten.

Vor uns liegt heute noch die Horsemanship-Aufgabe, eine kleine »Dressuraufgabe«. Schritt

Eine Luftballongasse kennt Mona zwar noch nicht, aber unsere Vorbereitung mit der Tonnengasse zahlt sich aus (Bild 1). Mit Skepsis begutachtet Mona die Jacke, die wir transportieren sollen (Bild 2). Das Aufnehmen der Jacke wäre in diesem Moment zu viel, merke ich. Nachdem sie die Jacke beschnuppert hat, lasse ich sie entspannt weitergehen.

DER ERSTE MONAT

1	2	3	4	5	6	**7**
8	9	10	11	12	13	**14**
15	16	17	18	19	20	**21**
22	23	24	25	26	27	**28**
29	30	31				

DER ZWEITE MONAT

			1	2	3	**4**
5	6	7	8	9	10	**11**
12	13	14	15	16	17	**18**
19	20	21	22	23	24	**25**
26	27	28	29	30		

DER DRITTE MONAT

					1	**2**
3	4	5	6	7	8	**9**
10	11	12	13	14	15	**16**
17	18	19	20	21	22	**23**
24	25	26	27	28	29	**30**
31						

Die Kulisse ist unglaublich. Wir schaffen es trotz der vielen Menschen, uns aufeinander zu konzentrieren. Sowohl das Seitwärts (Bild 2) als auch die Hinterhandwendung (Bild 3) können wir schön zeigen. Auch im Galopp macht Mona ihre Sache großartig (Bild 4)!

und Trab und ein paar Seitwärts-Tritte vor einer Stange laufen gut. Im Galopp driftet Mona mir immer etwas Richtung Ausgang. Sie weiß inzwischen genau, wo wir hereingekommen sind und

DER ERSTE MONAT

1 2 3 4 5 6 **7**
8 9 10 11 12 13 **14**
15 16 17 18 19 20 **21**
22 23 24 25 26 27 **28**
29 30 31

DER ZWEITE MONAT

1 2 3 **4**
5 6 7 8 9 10 **11**
12 13 14 15 16 17 **18**
19 20 21 22 23 24 **25**
26 27 28 29 30

DER DRITTE MONAT

1 **2**
3 4 5 6 7 8 **9**
10 11 12 13 14 15 **16**
17 18 19 20 21 22 **23**
24 25 26 27 28 29 **30**
31

wo es aus dem Stadion zurück zu den anderen Pferden geht. Dennoch schaffen wir es, auf beiden Seiten anzugaloppieren, und ich bin sehr zufrieden mit unserer beider Leistung.

Der zweite Tag: Heute Vormittag zeigen wir unsere »Dressurkür«. Man kann eine eigens zusammengestellte Aufgabe reiten. Wir haben Seitwärts, Schritt, Trab, eine Strecke

Durch das Kopfsenken kann ich sie selbst in dieser Atmosphäre entspannen und von ihr in Ruhe absteigen. Einzig der Applaus der Zuschauer macht ihr zu schaffen.

Vorwärts-Abwärts im Trab und den Galopp vorbereitet. Die Stute macht ihre Sache sehr gut. Sie ist bei mir und ich habe ein gutes Gefühl. Und siehe da: Bei der Auswertung sind wir tatsächlich unter den ersten fünf! Was für ein Erfolg.

Jetzt fehlt nur noch das Finale. Jeder hat eine kleine Show von ein paar Minuten vorbereitet. Ich bin als »James Bond« verkleidet und reite zum Titel »Goldeneye« ein. Ich werde mich auf Mona umziehen und in ein »Bondgirl« verwandeln, so lautet der Plan.

Ich reite mit einer großen goldenen Fahne ein, die ich um das Pferd schwinge, merke jedoch, dass die Lenkung mit nur einer Hand am Zügel etwas schwierig wird.

Für das Umziehen auf dem Pferd von Jacket, Hut und Hose lasse ich Mona den Kopf senken – dann schleudere ich die Klamotten einfach weg. Diese Übung kennt das Pferd gut und meistert sie hervorragend.

Anschließend zeigen wir zu sehr ruhiger Musik noch ein paar Lektionen am Boden. Zuhause haben wir das Ganze frei geübt, ich entscheide mich in der Arena allerdings dagegen, Mona vom Seil loszumachen. Das ist mir zu heikel. Ich bin gerührt, dass alles so gut klappt. Die Stimmung während der Show ist emotional aufgeladen, es knistert geradezu. Mit einem lachenden und einem weinenden Auge verlasse ich mit Mona das Finale. Ich weiß, dass das Ende unserer gemeinsamen Zeit zum Greifen nahe ist und bin überwältigt, wie gut sie mit mir zusammen den Auftritt gemeistert hat.

Große Emotionen beim Finale: Nach dem Einreiten als »James Bond« bleibt Mona bei der »Umwandlung« und den fliegenden Klamotten sehr ruhig.

DER ERSTE MONAT

1 2 3 4 5 6 **7**
8 9 10 11 12 13 **14**
15 16 17 18 19 20 **21**
22 23 24 25 26 27 **28**
29 30 31

DER ZWEITE MONAT

1 2 3 **4**
5 6 7 8 9 10 **11**
12 13 14 15 16 17 **18**
19 20 21 22 23 24 **25**
26 27 28 29 30

DER DRITTE MONAT

1 **2**
3 4 5 6 7 8 **9**
10 11 12 13 14 15 **16**
17 18 19 20 21 22 **23**
24 25 26 27 28 29 **30**
31

Ich lasse sie vom Boden aus weichen (Bild 1) und folgen, mache sie aber nicht vom Strick. Wir verneigen uns vor 6.000 Zuschauern (Bild 2) und ich danke Mona für ihr Vertrauen in dieser Kulisse (Bild 3)!

1

2

DER ERSTE MONAT

1	2	3	4	5	6	**7**
8	9	10	11	12	13	**14**
15	16	17	18	19	20	**21**
22	23	24	25	26	27	**28**
29	30	31				

DER ZWEITE MONAT

			1	2	3	**4**
5	6	7	8	9	10	**11**
12	13	14	15	16	17	**18**
19	20	21	22	23	24	**25**
26	27	28	29	30		

DER DRITTE MONAT

					1	**2**
3	4	5	6	7	8	**9**
10	11	12	13	14	15	**16**
17	18	19	20	21	22	**23**
24	25	26	27	28	29	**30**
31						

Nach der Siegerehrung (Bild 1) fängt die Versteigerung an (Bild 3). Ich habe gemischte Gefühle und frage mich, wie es mit Mona weitergehen wird. Es ist passiert: Mona hat neue Besitzer! Diese sind selbst völlig überwältigt (Bild 4).

Der letzte Programmpunkt ist die Versteigerung der Mustangs. Sie bekommen jetzt ihre neuen Besitzer. Es sind zwei Frauen, die Mona ersteigert haben. Zwei Schwestern, wie sich herausstellt. Es war wohl eher spontan, beide Frauen sind total überwältigt. Ich bin etwas aufgewühlt und frage mich, wie es mit dem Pferd weitergehen wird. Werden die neuen Besitzer gut mit ihr und Mona mit ihnen zurechtkommen?
Die Papiere werden ausgetauscht und wir verständigen uns darauf, alles in Ruhe zu besprechen, sobald wir wieder auf dem Hof sind. Monas neues Zuhause wird gar nicht weit von uns weg sein. Ich nehme Mona zunächst wieder mit und werde die neuen Besitzer mit ihr Schritt für Schritt zusammenbringen.

ABSCHIED NEHMEN

Mona bleibt noch einige Zeit bei uns. Ich trainiere so lange mit den neuen Besitzern und ihr, bis sich alle miteinander wohlfühlen. Ich zeige ihnen alle Bodenarbeitsübungen, die ich mit dem Pferd gemacht habe, und wie sie auf meine reiterlichen Signale reagiert. Sie machen ihre Sache gut zusammen.

Es ist klar, dass mit ihr jeden Tag sehr präzise weitergearbeitet werden muss, klar ist aber auch, dass Mona künftig ihren Besitzern viel zurückgeben wird. Ich bin froh über ihre Besitzer und finde, dass Pferd und Menschen gut zusammenpassen. Ich werde sie auch gerne weiter unterstützen, wenn sie meine Hilfe benötigen.

Dann ist es soweit: Wir verladen Mona. Als sie vom Hof fährt, ist es für mich nicht einfach. Es liegt eine sehr intensive Lehr- und Lernzeit hinter uns beiden. Es wird anders sein, wenn sie nicht mehr da ist. Auf der anderen Seite bin ich glücklich darüber, dass sie Menschen gefunden hat, die das Besondere in ihr erkannt haben und die sich darüber im Klaren sind, dass noch ein längerer Ausbildungsweg vor ihnen liegt.

Ich wünsche diesem Pferd und ihren Menschen für die Zukunft von Herzen alles Gute!

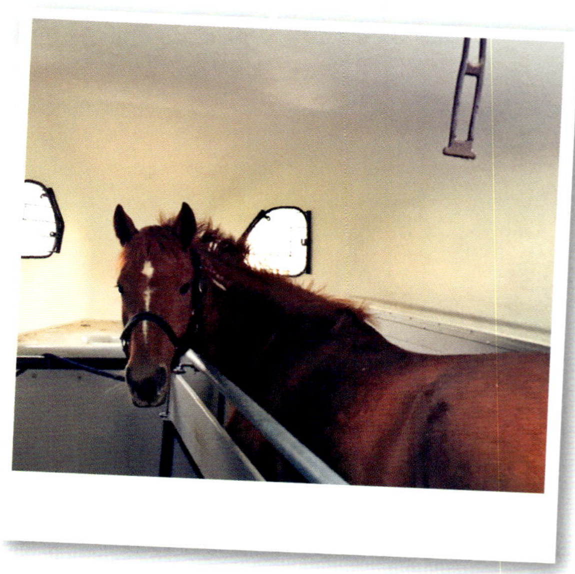

NACHWORT

Ich hätte nicht gedacht, dass mich die Begegnung mit einem Pferd so tiefgreifend verändern und weiterbringen würde. Ich bin sehr dankbar für die Zeit, die ich mit Mona verbringen durfte. Ich werde aus dem Erlebten sicher noch weitere Erkenntnisse ziehen können. Mein Blick wurde in dieser Zeit ganz speziell geschärft für das Innere der Pferde und ihre Sichtweise. Außerdem wurde ich dazu motiviert, gängige Ausbildungsmethoden noch einmal zu überdenken. Und dazu möchte ich Sie, liebe Leser, ebenso einladen!

Auch wenn nicht jeder die Möglichkeit hat, mit einem Mustang zu arbeiten, möchte ich jedem Pferdemenschen anraten, immer wieder seinen Horizont zu erweitern, sich selbst in seinem Tun zu hinterfragen und über bestehende Grenzen und Normen hinauszudenken.

Ich möchte außerdem dazu anregen, Hilfsprojekte für Tiere – egal welcher Art – zu unterstützen. Meine Zeit und Energie galten in diesem Fall den Mustangs Nordamerikas, deren Schicksal ich auch künftig im Auge behalten werde. Ich bin sehr froh, dass ich dabei helfen durfte, einige Pferde auf einen guten Weg zu bringen, auch wenn es nur wenige waren. Mit diesem Projekt wurde bei sehr vielen Leuten das Interesse für diese besonderen Pferde geweckt. Ich hoffe, es hat den einen oder anderen angeregt, sich selbst im Sinne der Pferde einzusetzen.

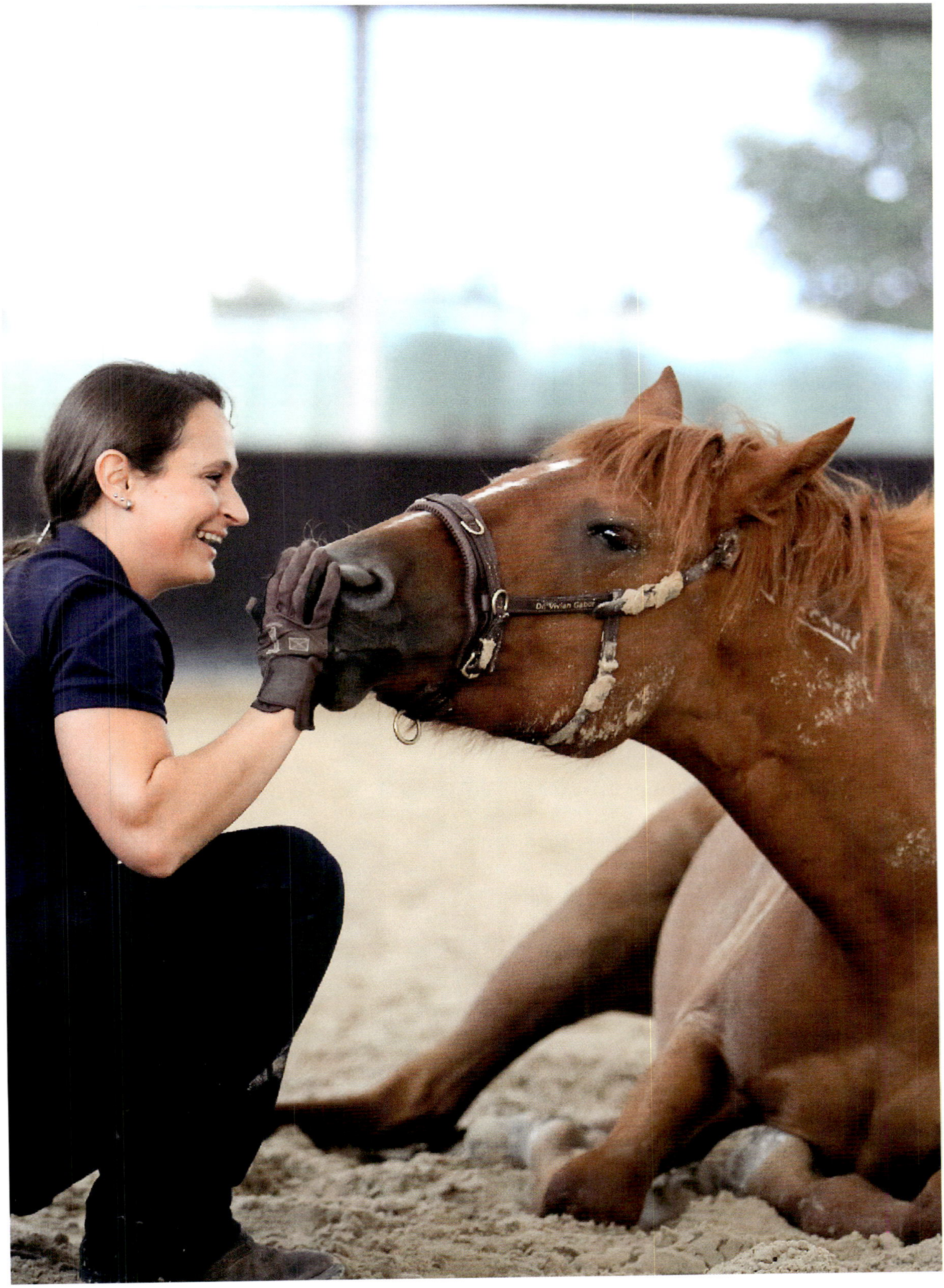
Dr. Vivian Gabor

DANKE

Ich danke allen, die sich zum Wohle der Tiere im In- und Ausland engagieren. Im Besonderen möchte ich den Menschen hinter »American Mustang Germany« danken, dass sie dieses Projekt ins Leben gerufen haben.

Dem Verlag Müller Rüschlikon danke ich für das Vertrauen, über dieses besondere Projekt schreiben zu dürfen.

Ich möchte allen danken, die mich im Hintergrund bei diesem Projekt unterstützt und mir den Rücken freigehalten haben, besonders meiner Familie, meinen Eltern und meinem Mann, die immer hinter meinen Entscheidungen stehen und die mich auf allen Wegen begleiten.

Ein ganz besonderer Dank gilt meiner lieben Freundin Joanna, die mir so eine große Hilfe in dieser Zeit war. Ich habe nie ein großes Team auf Veranstaltungen bei mir, denn ich brauche nur wenige wichtige Leute, auf die ich mich voll und ganz verlassen kann, und dazu gehörst Du!

Nicht zuletzt danke ich diesem besonderen Pferd. Ich durfte von Dir, Mona, so viel lernen. Meine Erkenntnisse werde ich im Sinne Deiner Artgenossen und im pferdegerechten Training einsetzen und das Wissen weitergeben.

Danke!

DIE AUTORIN

DR. VIVIAN GABOR

ist Biologin und promovierte Pferdewissenschaftlerin. Ihr Spezialgebiet ist das Lernverhalten des Pferdes und die Verknüpfung von Wissenschaft und Praxis. Sie betreibt ein Ausbildungszentrum für Mensch und Pferd in Einbeck und ist Gründerin des Instituts für Verhalten und Kommunikation (IVK). Sie bietet bundesweit Reitweisen übergreifende Lehrgänge in der Arbeit vom Boden und vom Sattel aus an. Der Schwerpunkt liegt bei der Optimierung der Mensch-Pferd-Kommunikation für ein pferdegerechtes Training.

Weitere Informationen über die Arbeit von Dr. Vivian Gabor finden Sie unter:
www.viviangabor.de
www.IVK-MenschundPferd.com

Dr. Vivian Gabor
IVK
Institut für
Verhalten und Kommunikation

Dr. Vivian Gabor
Dipl. Biologin
M.Sc. Pferdewissenschaften
Trainer B Leistungssport Reiten
info@horseability.de

WEITERE INTERESSANTE BÜCHER ZUM THEMA

Wer wünscht sich nicht eine harmonische Partnerschaft mit seinem Pferd? Aktuellste wissenschaftliche Erkenntnisse zum Pferdeverhalten als auch praktische Erfahrungen zeigen hier, wie man das tägliche Training und das eigene Verhalten gestalten kann.

176 Seiten, 216 Bilder, 19 Strichzeichnungen
Format 170 x 240 mm
ISBN 978-3-275-02098-0
€ 24,90 / € (A) 25,60

Peter Clotten hat sich in den USA auf die Spur der letzten Mustangs begeben. Mit den fantastischen Fotografien von Tony Stromberg ist ihm eine mitreißende Darstellung dieser von Legenden umrankten Wildpferde gelungen.

256 Seiten, 168 Bilder
Format 230 x 310 mm
ISBN 978-3-275-02090-4
€ 24,90 / € (A) 25,60

Ein gelassenes Pferd ist das Ziel jeder Pferdeausbildung und die beste Sturzvorsorge für den Reiter. Yvonne Gutsche zeigt verschiedene Trainingsansätze mit Schirmen, Bällen, Flattertüten & Co.

144 Seiten, 165 Bilder, 6 Strichzeichnungen
Format 170 x 240 mm
ISBN 978-3-275-02067-6
€ 19,95 / € (A) 20,60

Dieser Basiskurs mit dem Schwerpunktthema »Ausreiten« ist reitweisenunabhängig und orientiert sich am Ausbildungsprogramm »Parelli Natural Horsemanship«, das die Freundschaft zwischen Mensch und Pferd an erste Stelle stellt.

176 Seiten, 171 Bilder, 6 Strichzeichnungen
Format 170 x 240 mm
ISBN 978-3-275-02086-7
€ 24,90 / € (A) 25,60

Stand Juli 2018
Änderungen in Preis und Lieferfähigkeit vorbehalten.

Überall, wo es Bücher gibt, oder unter
WWW.MUELLER-RUESCHLIKON.DE
Service-Hotline: 0711 / 78 99 21 51

Müller Rüschlikon